教育部中等职业教育"十二五"国家规划立项教材
中等职业教育美术设计与制作专业系列教材

U0710989

网页视觉设计

WANGYE SHIJUE SHEJI

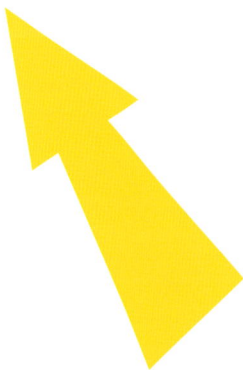

主　编　朱言明　严于华
副主编　刘　果　岳　玲
主　审　储　辛

重庆大学出版社

图书在版编目(CIP)数据

网页视觉设计 / 朱言明，严于华主编. 一重庆：
重庆大学出版社，2016.8
中等职业教育美术设计与制作专业系列教材
ISBN 978-7-5624-9512-3

Ⅰ.①网… Ⅱ.①朱… ②严… Ⅲ.①网页—视觉设
计—中等专业学校—教材 Ⅳ.①TP393.092

中国版本图书馆CIP数据核字（2015）第242019号

中等职业教育美术设计与制作专业系列教材

网页视觉设计

主　编　朱言明　严于华

副主编　刘　果　岳　玲

主　审　储　辛

责任编辑：陈一柳　　版式设计：陈一柳

责任校对：关德强　　责任印制：赵　晟

重庆大学出版社出版发行

出版人：易树平

社址：重庆市沙坪坝区大学城西路21号

邮编：401331

电话：（023）88617190　88617185（中小学）

传真：（023）88617186　88617166

网址：http://www.cqup.com.cn

邮箱：fxk@cqup.com.cn（营销中心）

全国新华书店经销

重庆新金雅迪艺术印刷有限公司印刷

开本：787mm×1092mm　1/16　印张：7.75　字数：174千
2016年8月第1版　　2016年8月第1次印刷
ISBN 978-7-5624-9512-3　定价：39.00元

编写合作企业

重庆北方影视传媒有限公司

重庆完美动力有限公司

重庆海王星有限公司

重庆霍普科技有限公司

重庆汉博园林景观工程有限公司

重庆联谋广告有限公司

重庆深绿广告有限公司

重庆迪帕数字传媒有限公司

出版说明

2010年《国家中长期教育改革和发展规划纲要（2010—2020）》正式颁布。《纲要》对职业教育提出："把提高质量作为重点，以服务为宗旨，以就业为导向，推进教育教学改革。"为了贯彻落实《纲要》的精神，2012年3月，教育部印发了《关于开展中等职业教育专业技能课教材选题立项工作的通知》（教职成司函〔2012〕35号）。根据通知精神，重庆大学出版社高度重视，认真组织申报工作。同年6月，教育部职业教育与成人教育司发函（教职成司函〔2012〕95号）批准重庆大学出版社立项建设"中等职业教育美术设计与制作专业系列教材"，立项教材经教育部审定后列为中等职业教育"十二五"国家规划教材。选题获批立项后，作为国家一级出版社和职业教材出版基地的重庆大学出版社积极协调，统筹安排，联系职业院校艺术设计类专业教学指导委员会，听取高校相关专家对学科体系建设的意见，了解行业的需求，从而确定系列教材的编写指导思想、整体框架、编写模式，组建编写队伍，确定主编人选，讨论编写大纲，确定编写进度，特别是邀请企业人员参与本套教材的策划、写作、审稿工作。同时，对书稿的编写质量进行把控，在编辑、排版、校对、印刷上认真对待，投入大量精力，扎实有序地推进各项工作。

职业教育，已成为我国教育中一个重要的组成部分。为了深入贯彻党的十八大和十八届三中、四中全会精神，贯彻落实全国职业教育工作会议精神和《国务院关于加快发展现代职业教育的决定》，促进职业教育专业教学科学化、标准化、规范化，建立健全职业教育质量保障体系，教育部组织制定了《中等职业学校专业教学标准（试行）》，这对于探索职业教育的规律和特点，创新职业教育教学模式，规范课程、教材体系，推进课程改革和教材建设，具有重要的指导作用和深远的意义。本套教材就是在《纲要》指导下，以《中等职业教育美术设计与制作专业课程标准》为依据，遵循"拓宽基础、突出实用、注重发展"的编写原则进行编写，使教材具有如下特点：

（1）理论与实践相结合。本套书总体上按"基础篇""训练篇""实践篇""鉴赏篇"进行编写，每个篇目由几个学习任务组成，通过综述、培养目标、学习重点、学习评价、扩展练习、知识链接、友情提示等模块，明确学习目的，丰富教学的传达途径，突出了理论知识够用为度，注重学生技能培养的中职教学理念。

（2）充分体现以学生为本。针对目前中职学生学习的实际情况，注意语言表达的通俗性，版面设计的可读性，以学习任务方式组织教材内容，突出学生对知识和技能学习的主体性。

（3）与行业需求相一致。教学内容的安排、教学案例的选取与行业应用相吻合，使所学知识和技能与行业需要紧密结合。

（4）强调教学的互动性。通过"友情提示""试一试""想一想""拓展练习"等栏目，把教与学有机结合起来，增加学生的学习兴趣，培养学生的自学能力和创新意识。

（5）重视教材内容的"精、用、新"。在教材内容的选择上，做到"精选、实用、新颖"，特别注意反映新知识、新技术、新水平、新趋势，以此拓展学生的知识视野，提高学生美术设计艺术能力，培养前瞻意识。

（6）装帧设计和版式排列上新颖、活泼，色彩搭配上清新、明丽，符合中职学生的审美趣味。

本套教材实用性和操作性较强，能满足中等职业学校美术设计与制作专业人才培养目标的要求。我们相信此套立项教材的出版会对中职美术设计与制作专业的教学和改革产生积极的影响，也诚恳地希望行业专家、各校师生和广大读者多提改进意见，以便我们在今后不断修订完善。

重庆大学出版社

2016年3月

前　言

网页是网站宣传的窗口，布局合理、色彩和谐、内容丰富的网页能吸引更多浏览者，好的网页设计能更好地传达网站信息与提高网站知名度。"为网页美工指明设计方向，为网页制作奠定设计基础"是本书的写作宗旨。

"网页视觉设计"是美术设计与制作、网页美术设计、计算机平面设计等专业的一门专业核心课程，其前导课程是《Photoshop图像处理》，后续课程是《Dreamweaver网页制作》。本书主要讲述网页视觉设计者进行网页设计时需要了解的基础知识和需要掌握的基本技能，力争在理论知识方面成为网页美工设计过程的工具书，在实际操作方面成为网页美工制作过程的参考书。

本书在内容处理及编写上注重体现由表及里、由浅入深的认识规律，采用理论—实践—提高的编写思路，分清主次，突出重点。通过对理论的讲解、实例的分析，明确学习目标，进而带动知识点的学习和技能点的掌握。同时引入相应的知识拓展与练习，以巩固所学知识和技能，扩展学生的思路，达到举一反三的目的。

本书分为引入篇、基础篇和实践篇，共包含12个学习任务，每个任务包括学习目标、学习手段、学习重点、学习课时、学习评价、练一练、拓展练习等栏目，内容涵盖网页视觉设计的各种知识与技能，并通过浅显易懂的理论指导和生动实用的实例操作，让网页设计初学者快速突破网页视觉设计门槛，掌握网页视觉设计的方法与技巧。本书以任务为驱动展开，建议使用基于工作过程的如项目式、任务驱动式等教学方法实施教学，教学时数建议为72学时。

本书由朱言明、严于华担任主编，刘果、岳玲担任副主编，储辛担任主审。其中，学习任务一和任务九由严于华编写，学习任务二和任务三由朱言明编写，学习任务四至任务六由岳玲编写，学习任务七和任务八由刘果编写，学习任务十至任务十二由张晓梅编写，全书由朱言明统稿。

本书在编写过程中，得到了重庆大学出版社的大力支持与帮助，重庆霍普科技有限公司柯尊巧总经理对全书的编写提出了很多宝贵的建议和意见，在此一并表示衷心感谢。

由于编者水平有限，书中难免存在不妥之处，敬请读者批评指正。

编　者
2016年4月

目　录

引 入 篇

YINRUPIAN »

[综　　述]

本篇通过网页设计欣赏、网页元素、网页布局、网页设计流程等内容的学习,引导读者快速了解网页的组成元素与布局结构,认识网页视觉设计的工作任务与性质,了解网页设计的工作流程,进而对网页视觉设计有更加全面的认识。

[培养目标]

①能识别网页组成元素;

②能列举网页布局方式;

③能说出网页设计流程。

[学习手段]

自主学习,小组合作,课堂探究,课外拓展。

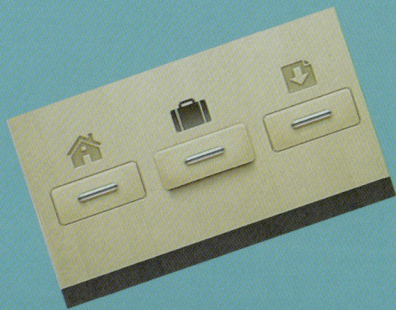

学习任务一
网页设计基础

[学习目标] ①能辨认网站的各种风格；
②能记住网页的组成元素；
③能识别网页的布局方式；
④能说出网页的设计流程。

[学习重点] ①网页的组成元素；
②网页的设计流程。

[学习课时] 4课时。

　　网站推广是信息发布的重要手段之一，越来越多的公司、个人、产品都通过网站进行展示和宣传。网站建设除了使用 Dreamweaver 等软件制作网页文件外，前期还需要对网站的页面进行视觉规划，形成网页效果图。网页效果图是网页页面的图片表现形式，网页效果图设计也称为网页视觉设计或网页美工设计。

一、网页风格

　　合理的页面布局、漂亮的色彩搭配、清晰的文字编排会给用户带来良好的视觉感受，吸引浏览者长久停留。下面，让我们从视觉设计的角度，来欣赏不同风格的网页，触碰优秀设计师思维的火花，领悟网页视觉设计发展的方向。

1. 扁平化风格

　　扁平化设计的核心就是去掉纹理、渐变、阴影、立体效果等元素，突出"信息"本身，在设计中多使用抽象化、符号化的形象元素。Windows、iOS、Android系统的设计已经引领界面风格向扁平化方向发展，扁平化网页设计已经成为一种趋势，如图1-1所示。

2. 极简主义风格

　　极简主义可以看成是扁平化风格的极致发展，奉行"少即是多"的设计原则，呈现最基本的元素，摒弃所有有多余结构、色彩、图形和其他素材。极简主义精练、纯粹的设计风格越来越受到网页设计者的青睐，如图1-2所示。

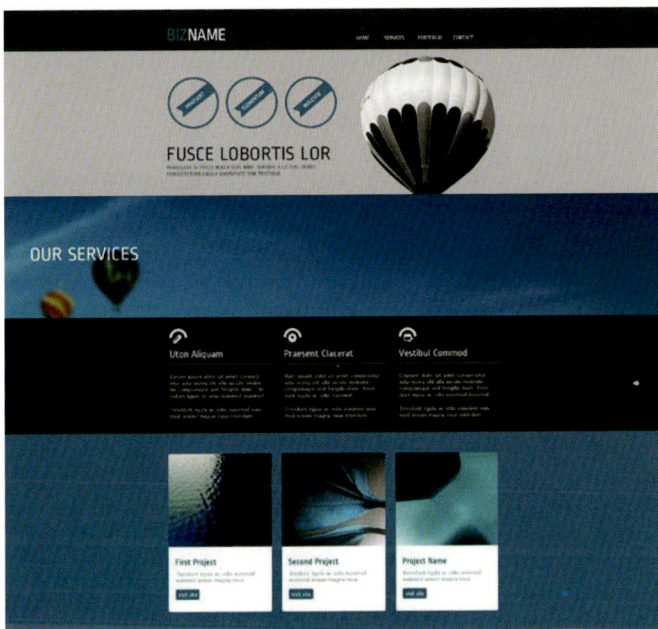

图1-1　扁平化风格网页

图1-2　极简主义风格网页

3. 手绘风格

手绘风格网页几乎成了个性化网页的代表，深受各大网站和网页设计者的喜爱，如图1-3所示。

4. 大字体风格

"大"有凝实、厚重的感觉，艺术设计中也有"大即为美"的创作思路。在网页设计中，既要突出文字，又要保证画面和谐，并将文字作为提升整个网页品位的重要元素，如图1-4所示。

图1-3　手绘风格网页

图1-4　大字体风格网页

5. 人物形象风格

以人物形象作为网页背景，能快速吸引浏览者的注意，很容易让画面表现出情绪性和故事性，对于营造主题氛围和强调代入感的网页是很好的选择，如图1-5所示。

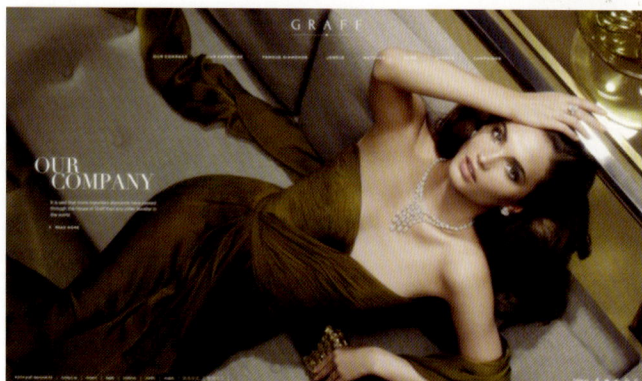

图1-5　人物形象风格网页

6. 柔和风格

网页设计越来越关注用户的感受和体验，宁静、轻快、文艺范儿的柔和风格有时比炫目的大红大紫更能感染用户情绪，如图1-6所示。

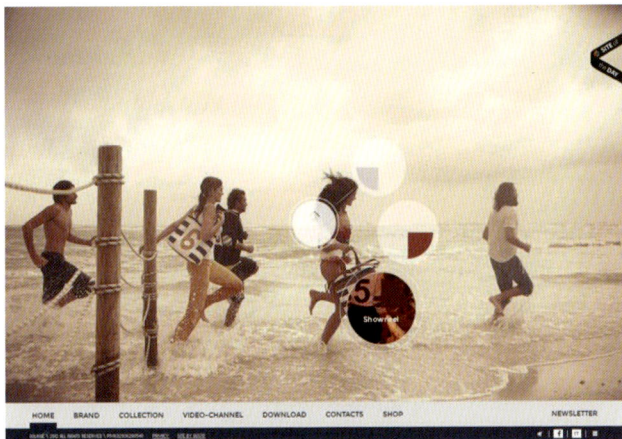

图1-6　柔和风格网页

7. 不规则风格

不规则形状的网页设计使页面产生不稳定感，其目的就是打破常规，营造时尚、运动的氛围，如图1-7所示的页面看上去更有吸引力。

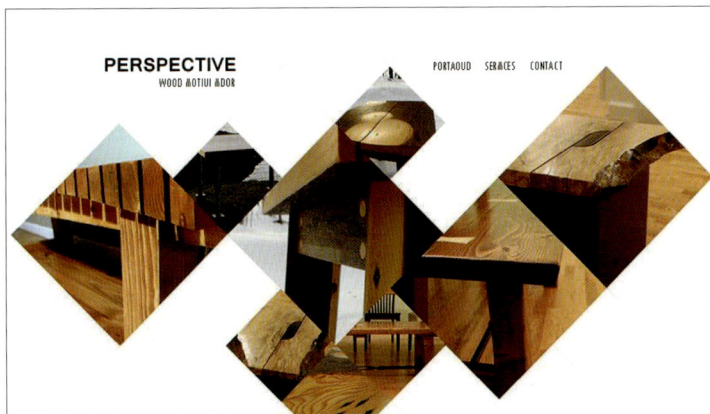

图1-7　不规则风格网页

网页设计风格多样，以上仅仅介绍了部分静态视觉效果风格的网页，要完成优秀的网页设计作品，功夫其实很大部分都用在设计之外，多看、多想、多练是保证创作源泉不枯萎的最好方法。

> **? 想一想**
>
> 你还知道哪些网页设计风格？

二、网页元素

网页界面一般由网站Logo、导航、Banner、内容、链接、版尾等元素组成，如图1-8所示。

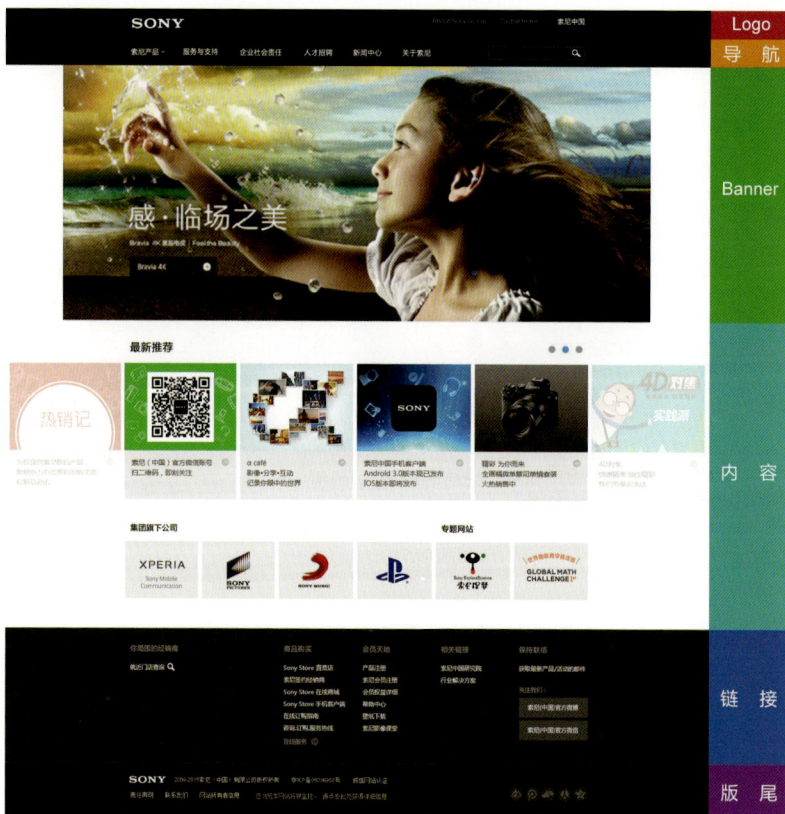

图1-8　网页组成元素

1. Logo

网站Logo是一个站点的象征，其内容一般为网站所属主体的标志，也可以另行设计，如图1-9所示为腾讯视频Logo。Logo通常放在网页左上角，相对于网页页面宽度而言，Logo占用空间较小，在很多网站设计中并不单独成行，往往与导航或搜索等共用一栏。

图1-9　网站Logo

2. 导航

网页导航的目的是引导访问者浏览网站，为方便访问，多位于页面上方或左侧，表现为横向或纵向导航条，如图1-10所示。网页导航并不是一个非常确定的功能或手段，实际上凡是有助于访问者浏览网站信息，获取网站服务的所有形式都是网站导航系统的组成部分。

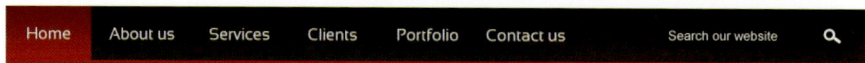

图1-10　网页导航

3. Banner

网页Banner意为旗帜广告，一般是指网页中最主要的横幅广告或主题形象，如图1-11所示。Banner是页面中最具视觉吸引力的元素，主要表现特定内容的主题情感。网站中其他广告内容也属于Banner，但其作用仅限于广告本身。

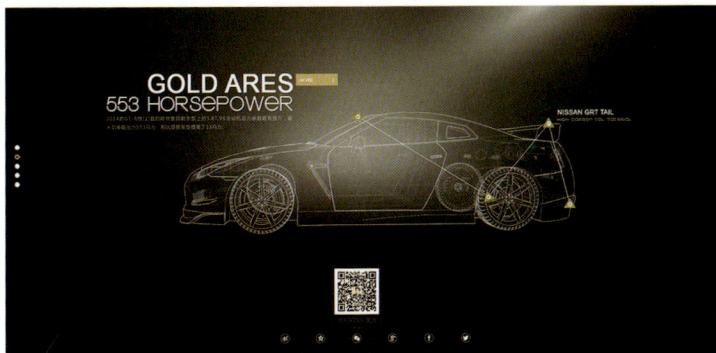

图1-11　网页Banner

4. 内容

网页内容是网站信息传递的主体，通常由多个不同的板块来体现。网页内容用一个页面往往无法完整展示，所以不同页面会呈现不同的信息，它是网页中变化最丰富的元素。文字、图像、视频、动画等不同的信息传递形式主要在这个区域体现，如图1-12所示。

图1-12　网页内容

5. 链接

链接是超级链接的简称，是整个网站的通道，是从一个目标转向另一个目标的纽带，可以出现在网站的任何区域，如图1-13所示。就功能而言，导航也是链接的一种表现形式，与导航相比，链接主要是指向目标页面或终端页面。

6. 版尾

版尾通常用于标注版权信息，该区域很容易被网页设计者忽视，但对于网站来说，版权信息是很重要的内容。除了版权外，有些网站还会标注网站备案号、技术支持以及其他相关信息，如图1-14所示。

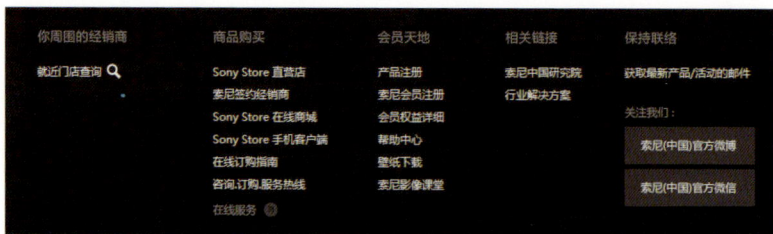

图1-13　网页链接

图1-14　网页版尾

友情提示

网页组成元素并没有绝对的分类标准,其内容、形式、位置都很灵活,最终组成元素要根据实际需求而定。

三、网页布局

网页内容丰富,结构迥异,根据用户不同的需求及不同的审美观,网页页面的布局也会有很大的差异。网页布局并无固定模式,而且正在快速变化和创新中,以下通过对部分网页布局的分析,让读者了解网页的常见布局类型。

1. "国"字型

"国"字型布局因结构与汉字"国"相似而得名,是企业网站较为常用的布局类型。页面顶端通常放置网站的Logo、导航和Banner,左右两侧放置两列小模块,页面中间摆放网站的主要内容,底端一般是版权信息和联系方式等,适合内容较多且布局严谨的网页,如图1-15所示。

图1-15　"国"字型布局网页

2. 拐角型

拐角型布局与"国"字型布局相近,只是形式上略有区别。页面顶端是标题及广告横幅,左侧是纵向链接,一般表现为纵向导航栏,右侧是很宽的正文,底端为网站的辅助信息,适合信息量大、内容较多的网页,如图1-16所示。

图1-16 拐角型布局网页

3. 标题正文型

标题正文型布局的网页,上方摆放标题或主题内容,下方为正文内容。注册页面和阅读页面就是这种类型,适合内容分类不多而需要说明的内容较多的网页,如图1-17所示。

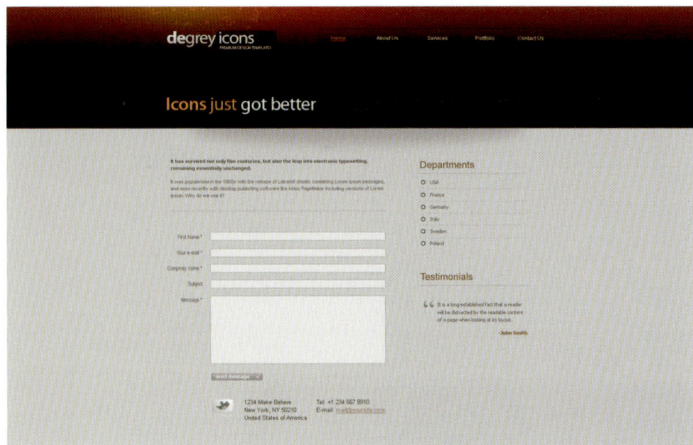

图1-17 标题正文型布局网页

4. "三"字型

"三"字型布局是一种简洁明快的网页布局,多用于国外网站。页面通过明显的横向色块,将页面整体分割为多个部分,色块中大多放广告条、更新和版权信息等,如图1-18所示。贯穿版面的不同色块,使页面清晰明确、简洁明快,特别适合时尚和科技类网站,其变化还有纵向排版的"川"字型布局,如图1-19所示。

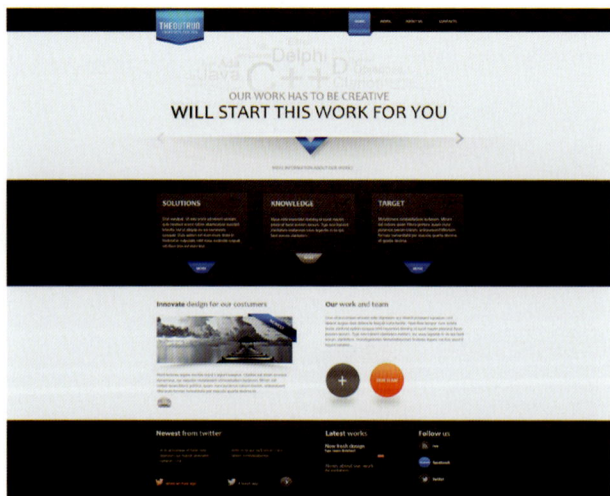

图1-18　"三"字型布局网页

图1-19　"川"字型布局网页

5. POP型

POP型布局主要出现在进入企业网站和个人网站首页之前的形象页，大部分为一些精美的平面设计结合一些小的动画，加上几个简单的链接或者仅有一个"进入"链接，适合展示企业形象和表现个性风格的网页。如图1-20所示的POP型网页就给人带来赏心悦目的感觉。

图1-20　POP型布局网页

? 想一想

你还能说出哪些网页布局方式？

四、设计流程

网站建设包括规划、设计、制作、推广、运行维护等环节。网页视觉设计是在网站建设规划书的指导下，完成网页效果图的设计，通常按照以下流程进行。

1. 明确需求

在明确客户建设网站的目的、功能和内容后，网页设计者根据网站建设规划书，进一步熟悉客户对网页尺寸、网站风格、网页布局、色彩运用、文字编排等内容的要求，明确网页视觉设计需求，如图1-21所示。

图1-21　明确设计需求

2. 绘制草图

草图可以手工绘制，也可以使用草图绘制软件完成。草图能够记录设计环节，大致呈现设计者的思路。草图可繁可简，简单的草图可能就是几根线条，用于标明网页布局和栏目的摆放位置；较为详细的草图可以精确到像素，甚至能够展示网站的全貌，如图1-22所示。

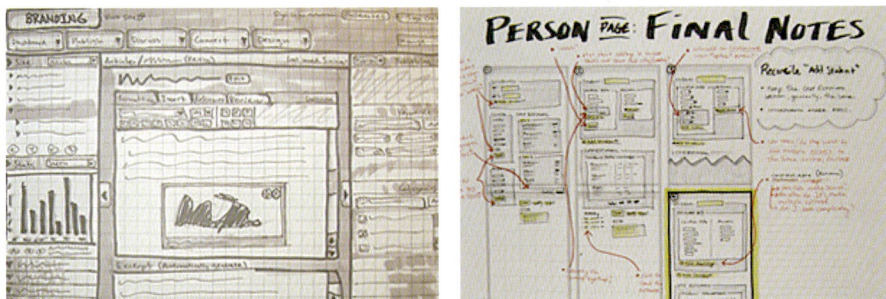

图1-22　绘制设计草图

3. 设计效果图

草图经过反复思考、修改，得到客户的初步认可后，就可以使用Photoshop等软件实施创意，开始网页效果图设计。网页效果图必须准确呈现网页的结构、布局、色彩、文字等内容，如图1-23所示。效果图虽然不是真正的网页，但却是进行网页制作的重要标准和依据。

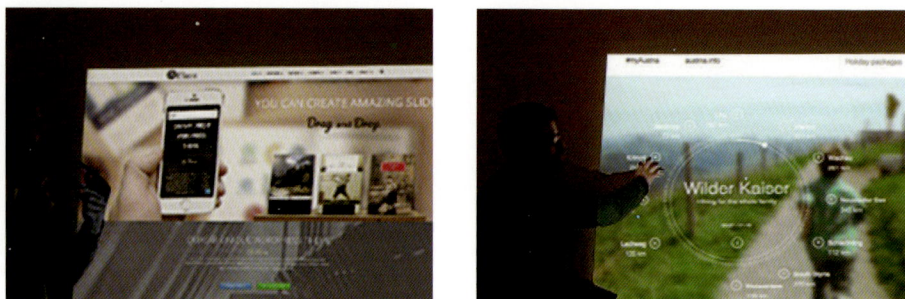

图1-23　网页效果图

4. 客户反馈

根据网站的结构，通常需要向客户提供网站首页、二级页、三级页或具有典型代表意义的页面效果图。提供效果图后，设计者需要根据客户提出的修改意见修正设计作品，这可能是一个漫长的过程，只有通过反复的调整和修改，才能最终达成一致意见，得到客户的认可。

5. 切片与输出

网页效果图设计完成后，网页设计者根据网页制作的需要，完成效果图切片，并输出为相应格式的单个文件，如图1-24所示。

图1-24　效果图切片

网页视觉设计是平面设计的一种继承和延伸，两者的表现形式和目的都有一定相似性。网页视觉设计把传统平面设计中美的形式与现代网页设计的具体问题结合起来，将平面设计中美的基本形式运用到网页视觉设计中去，增加网页的美感，满足大众的视觉审美需求。

练一练

①根据你掌握的知识，试着绘制书中提到的5种网页布局类型的结构简图。

②试着分析书中图1-8的设计风格。

③判断图1-15所示的网页组成元素。

学习要点	我的评分	小组评分	教师评分
辨认网站风格（20分）			
记住网页组成元素（30分）			
识别网页布局方式（20分）			
说出网页设计流程（30分）			
总　分			

基 础 篇
JICHUPIAN »

[综　　述]

本篇通过网页色彩搭配、文字字体、文字排版、字体设计、导航设计、Banner设计等内容的学习，引导读者在设计网页时合理使用色彩，正确选择字体与布局文字，完成简单字体设计；着重阐述了导航设计、Banner设计的原则和方法，帮助读者初步形成网页元素设计的能力。

[培养目标]

①能完成网页色彩搭配；

②能合理选择与布局网页文字；

③能完成简单的字体设计；

④能根据需求完成导航设计；

⑤能根据需求完成Banner设计。

[学习手段]

自主学习，小组合作，课堂探究，课外拓展。

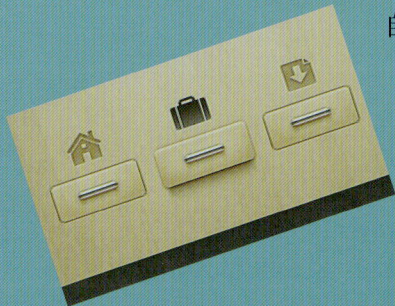

学习任务二
认识网页色彩

　　我们生活在一个色彩绚丽的世界，漂亮的颜色往往能迅速吸引人的注意。网页设计中，色彩可以装饰和美化网页，以达到突出主题、增强宣传效果的目的。好的色彩搭配可以让访问者长久停留，甚至可以成就一个网站。

一、色彩情感

　　世界上任何事物的形象和色彩都会影响我们的情感，某一种色彩或色调的出现，往往会引起人们对生活的联想和情感的共鸣，这是色彩产生的心理作用。色彩本身没有情感，人们在长期的审美活动中，对色彩的视觉体验形成了共同的主观情感，将人的主观情感赋予色彩并通过色彩表达，即色彩情感。

1. 白色——明亮而圣洁

　　白色象征纯洁、神圣、明快、虚无、贫乏，有明亮、单纯的意象。纯白色会给人寒冷、严峻的感觉。白色通常需和其他色彩搭配使用，白色是万能色，可以与任何颜色搭配。

　　白色是明度最高的颜色，能使同它搭配的色彩更加鲜明、突出，让明亮的色彩更柔和、优雅。白色与暖色搭配可以增添华丽的感觉，与冷色搭配可以产生清爽、明快的感觉。在网页设计中，白色多用作背景色或过渡色，使网站显得简洁干净，适用于电子产品、清洁用品或个性化网站，如图2-1所示。

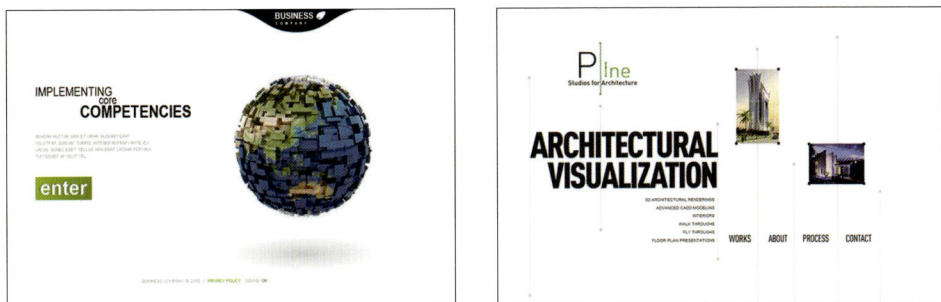

图2-1　白色色调网页

2. 灰色——朴素而随和

灰色象征谦虚、沉默、中庸、忧郁,不凸显自身,具有柔和、高雅的意象。灰色在性格表现上趋于中性,男女皆能接受,是一种高格调的、有品位的色彩。

使用灰色时,大多利用不同明度的灰色变化或搭配其他色彩来调和画面的朴素、沉闷感。灰色作为背景色非常理想,与鲜艳色彩搭配时能有效中和华丽、张扬的感觉。大型企业、商贸金融、军事类网站常常用灰色作为主色调,如图2-2所示。

图2-2　灰色色调网页

3. 黑色——庄重而有力

黑色象征崇高、刚强、沉稳、力量,有消极、谦逊的意味,有高贵、稳重的意象。与白色一样,黑色也是万能色,可与任何颜色搭配。

电器、汽车、音响等颜色大多采用黑色,生活用品和服饰设计也多用黑色塑造高贵形象,所以黑色适用于电子产品、高档服饰、高端日用品网站。同时黑色很酷又极具个性化,被喻为永远的流行色,因此,特别适合用作音乐、时尚及个性化网页的主色调,如图2-3所示。

4. 红色——热烈而欢快

红色象征幸福、热情、活泼、勇敢,有温暖、喜悦,女性化的意象,是所有色彩中最鲜艳、纯净的色彩。红色最容易引起注意,在各种媒体中被广泛运用。

红色与黑色搭配被誉为"商业成功色",常被用于时尚前卫、休闲娱乐和个性化网页中。粉红色鲜嫩而充满诱惑,容易营造出娇媚、温柔、甜蜜、纯真和诱惑等气氛,多用于女性主题站点,如化妆品、服饰网站等,如图2-4所示。

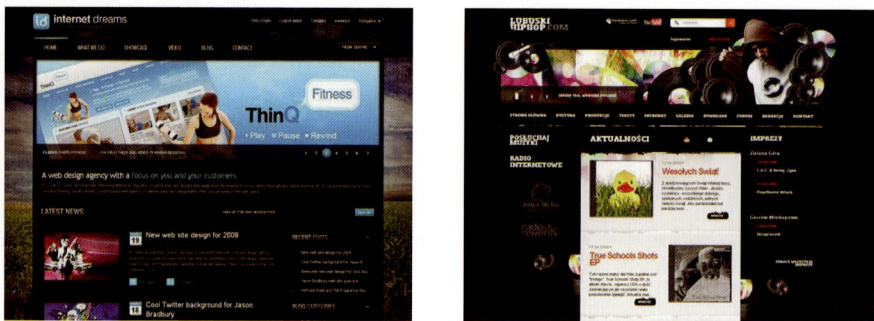

图2-3　黑色色调网页

图2-4　红色色调网页

5. 橙色——华丽而温馨

橙色象征光明、自信、甜蜜、快乐、辉煌,有华丽、健康、兴奋的意象。橙色是一种极具扩张性、视觉刺激性强、引发关注度高的色彩。

橙色很容易让人联想到金色的秋天和成熟的果实,是一种快乐而幸福的色彩,同时也是能引起食欲的色彩。橙色积极、正面的色彩感受,适用于餐饮、食品、运动及表现年轻人活力的网站,如图 2-5所示。

图2-5　橙色色调网页

6. 黄色——亮丽而神圣

黄色象征智慧、光明,具有明朗、高贵、希望、警示的意象。黄色是彩色中明度最高的色彩,不适合与白色、灰色搭配,与蓝、紫、黑等深色搭配效果突出。

在网页设计中,黄色是易于引起注意的代表色彩,有集中视线的效果。黄色多用于商品销售、休闲娱乐、时尚前卫类网站的主色调,如图2-6所示。

图2-6 黄色色调网页

7. 绿色——生机与希望

绿色象征生命、和平、繁荣、希望，具有传达理想、成长、舒适、清爽的意象。绿色是大自然的色彩，也是最为宁静的色彩，色彩感觉较为平稳。

绿色综合了蓝色的冷静与黄色的活跃，是一种中庸的、明净的色彩。绿色有缓解视觉疲劳的效果，因此，绿色调网站较适宜长时间浏览。绿色给人舒适、安宁的视觉感受，文化教育与医疗卫生类网站，常使用绿色作为主色调，如图2-7所示。

图2-7 绿色色调网页

8. 蓝色——深远而悠远

蓝色象征寒冷、深远、沉静、内敛、理智、诚实，有冷静、沉稳、永恒的意象，蓝色容易让人联想到天空、大海。蓝色对视觉刺激较弱，易让人产生安宁、祥和的心理感受。

蓝色具有符合企业形象最好的色彩情感象征，宣传科技和效率的企业、商品网站，大多选用蓝色作为主色调。蓝色是人们比较偏爱的一种色彩，使得蓝色成为网页设计中最常使用的主色调。如图2-8所示的网页设计中，蓝色与白色搭配有一种让人心旷神怡的感觉。

9. 紫色——神秘而矛盾

紫色象征优雅、高贵、神秘、梦幻，具有浪漫、神圣、梦幻、忧郁的意象，有强烈的女性化特征。紫色处于冷暖色调之间，色彩感难以确定，给人一种充满神秘诱惑的感受。

紫色不宜与其他色彩搭配，往往用不同明度的紫色或紫色渐变来装饰页面。紫色具有天然的高贵与冷傲气质，与女性有关的商品和企业形象网站常使用紫色作为其主色调，如图2-9所示。

图2-8　蓝色色调网页

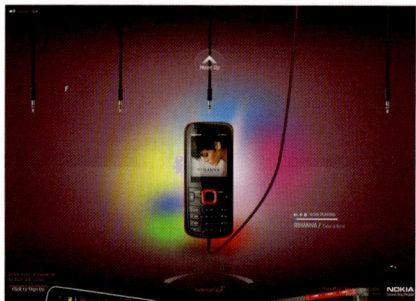

图2-9　紫色色调网页

二、色彩属性

　　色彩分为非彩色与彩色两大类。非彩色指黑、白和深浅不一的灰色，而其他所有颜色均属于彩色。为方便理解，约定俗成把所有彩色类颜色称为色彩。从视觉和心理学角度出发，色彩具有3个属性，即色相、明度、纯度。

　　为便于初学者理解色彩知识，建立对色彩的理性认识，培养对色彩的判断与运用能力，下面通过图2-10所示的24色色环图，帮助我们认识色彩。

〜 **试一试**

　　选择几张不同色调的网页，观察其中的色彩搭配，分析设计者运用这些色彩的意图。

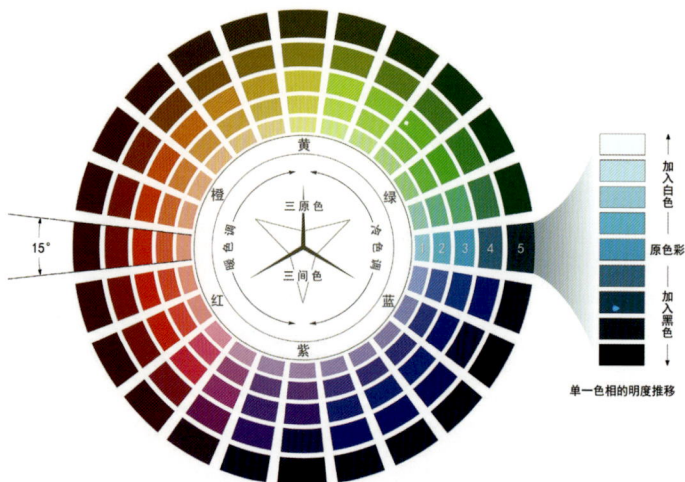

图2-10　24色色环图

1. 色相

色相指色彩的种类和名称，图2-10所示中的3号色环就是红、橙、黄、绿、青、蓝、紫等不同色相的色彩及其过渡色变化。

色相是色彩的基本特征，是一种颜色区别于另一种颜色的标准，图2-11和图2-12展示了生活中不同色彩的事物和场景。

图2-11　蓝色的大海

图2-12　金色的麦穗

？想一想

你还能说出哪些色彩的种类及名称？

2. 明度

明度又称为亮度，指色彩的深浅、明暗程度，图2-13展示了非彩色类的明度变化。

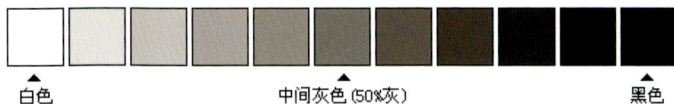

白色　　　　　　中间灰色(50%灰)　　　　黑色

图2-13　白色到黑色的明度变化

色彩的明度包括两个方面：一是指某一色相的深浅变化，如粉红、大红、深红，都是红色，但明度依次降低（图2-10中3号色环为原色彩，1、2号色环为高明度色彩，4、5号色环为低明度色彩）；二是指不同色相间存在的明度差别，如常说的七彩色中黄色明度最高，紫色明度最低，橙和绿、红和蓝处于相近的明度。图2-14和图2-15为相同图像在非彩色与彩色状态时图像内色彩明度的区别。

图2-14　黑白图像的明度变化

图2-15　彩色图像的明度变化

？ 想一想

观察图2-14与图2-15，思考同一张图片在有无彩色关系时带给人什么不同的感受？

3. 纯度

纯度也称为饱和度，指色彩的鲜艳程度。纯度取决于含有某一种色彩成分的比例，比例越大，纯度越大；比例越小，纯度越小。如图2-10中处于中间位置的3号色环纯度最高，向内加入白色，提高了明度，同时降低了饱和度；向外加入黑色，降低了明度，同时也降低了饱和度。色彩越单纯其纯度越高，越混合其纯度越低，在色彩中加入任何其他颜色都会降低其纯度。图2-16—图2-18为相同图像不同纯度的区别。

| 图2-16　高纯度色彩 | 图2-17　正常纯度色彩 | 图2-18　低纯度色彩 |

？ 想一想

不同纯度的色彩关系会怎样影响人的心情？

～ 试一试

选择一些色彩感较为平衡的图片改变其饱和度，观察色彩的变化。

••• 知识链接

色彩的冷暖是指不同色彩之间的色彩感觉形成的差别，分为冷、暖两大色调。从色环图中可以清晰地看到黄色到紫色的连线将整个色环分为有冷暖差异的两个色彩体系：以红、橙、黄为代表的暖色调，以蓝、绿、紫为代表的冷色调。图2-19和图2-20所示的冷暖色调给人不一样的色彩感受。

图2-19　冷色调图像

图2-20　暖色调图像

紫、黄两种颜色处于冷暖色调的过渡位置，其色彩感觉具有不确定性。特别是紫色，人们常说紫色一半是海水一半是火焰，是最具神秘感的色彩。

? 想一想

从着装的角度理解不同季节服饰的色彩变化与冷暖色调的关系。

三、配色类型

网页配色不是一件随心所欲的事，如何搭配出漂亮的色彩关系，是困扰每个初学者的问题。色彩搭配并非无迹可循，通过对色彩的分析和比较，从中寻找配色的方法与规律，可以快速、准确地建立整体配色方案。

1. 同类色搭配

同类色是指在色相环上的位置十分接近，一般为 15°~30°的相邻色彩或同一色相关系中不同明度或纯度的色彩搭配，如深绿色与浅绿色、红色与橙红色等。

如图2-21所示的同类色搭配可以产生有次序的渐变感觉，色相差异小，显得协调统一，画面整洁有序。但相同的色彩感觉也容易产生平淡、单调的感觉，可以加大明度与纯度对比来弥补单调感，也可以加入小面积的其他色彩以增强冲突感。

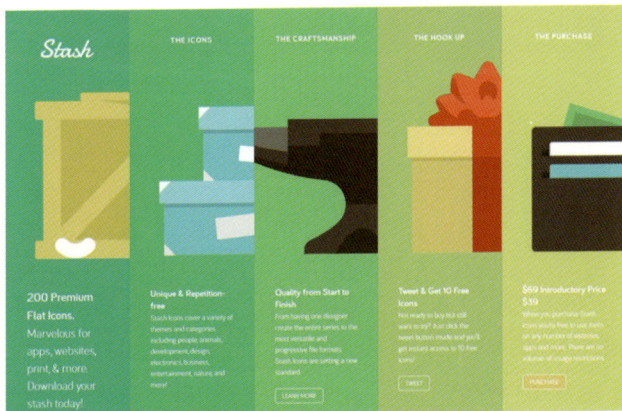

图2-21　绿色的明度变化

同类色搭配是最稳妥的配色方案，色彩搭配比较容易显得规范、美观，是色彩运用初期最易掌握的搭配方式，如图2-22所示。

图2-22　深浅不同的蓝色搭配

2. 近似色搭配

近似色是指色相环上的位置相距 30°~60°的颜色，其距离较近，颜色之间色相差别不大，如红色与橙色、橙色与黄色、黄色与绿色、绿色与蓝色、蓝色与紫色等。

近似色的搭配是一种非常理想的色彩搭配方案，在色相关系上色彩相近而不相同，统一中有变化，变化又不失协调。色彩既有对比又相互调和，视觉关系上能做到清晰明朗、层次丰富，如图2-23所示。

图2-23　蓝色与紫色的搭配

近似色搭配是最常见、应用范围最广的一种配色方案，配色难度不大却极易出彩，是最值得思考与运用的色彩搭配方式，如图2-24所示。

3. 对比色搭配

对比色是指在色相环上相距 120°左右的颜色，对比色在色相环中位置相距较远，颜色之间共同因素减少，色相差异较大，如三原色(红、黄、蓝)之间或三间色(橙、绿、紫)之间的搭配。

对比色搭配属于强对比搭配方案，视觉效果上强烈、鲜亮，画面效果上对比强烈、结构明显，特别易于展示主体，突出重点，如图2-25所示。

图2-24　红色与橙色的搭配

图2-25　红色与蓝色的搭配

对比色搭配色相差异较大,色彩有一定的冲突感,在运用时多用深浅不一的灰色作过渡,以降低色彩的不协调性。同时,必须注意色彩的主次之分,加大主色调与辅助色的面积对比,以达到色彩平衡的效果,如图2-26所示。

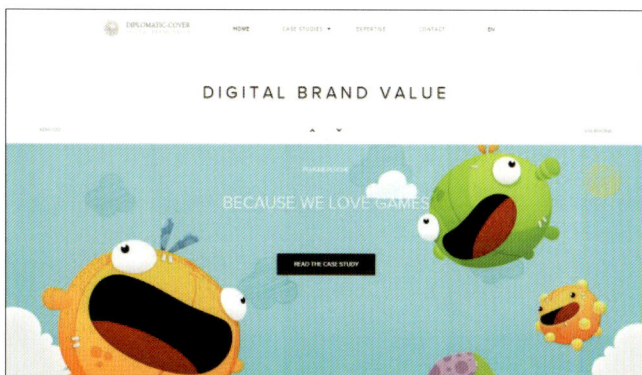

图2-26　绿色与橙色的搭配

4. 互补色搭配

互补色是指位于色相环直径两端,相差180°左右的颜色,颜色距离最远,色彩共同因素消失,色相差异巨大,如红与绿、黄与紫、蓝与橙是最常见的互补色。

　　互补色搭配是最强烈、最富刺激性的配色方案，互补色对比的画面特别鲜明、艳丽，很容易吸引人的注意力。互补色又极不调和，摆放在一起时，各自的色相感觉会更加明显，如图2-27所示。

图2-27　紫红色与黄色的搭配

　　强烈刺激会让人产生不安定感，如搭配不当，容易产生生硬、急躁的效果。因此，要通过调整主色调与辅助色的面积大小或分散辅助色的方法来调节。同时可通过提高或者降低互补色的明度或纯度来进行搭配，降低画面的不适感，如图2-28所示。

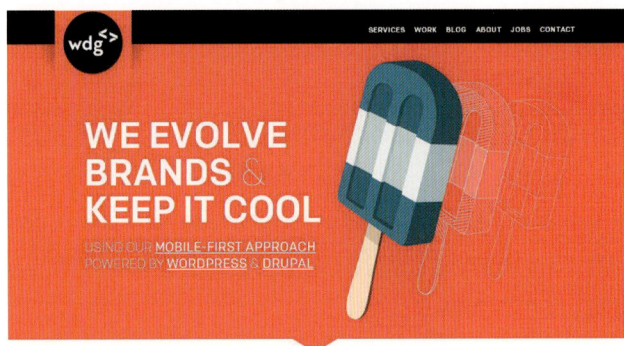

图2-28　红色与绿色的搭配

? 想一想

①总结几种常见配色类型的优、缺点。
②你最喜欢哪种配色类型，为什么？

! 友情提示

在实践操作中，可以用以下5种方法来协调配色效果。
①大面积使用低纯度色彩，小面积使用高纯度色彩。
②多使用灰色系（如黑、白、灰）色彩作间隔色。
③用画面中主要色彩的中间色作为过渡色。
④降低双方或者一方色彩的纯度。
⑤提高或降低一种色彩的明度。

练一练

①收集4种常见配色类型的网页各1张，并分析其用色特点。

②选择你收集的其中一张网页，模仿制作并改变其配色类型。

学习评价

学习要点	我的评分	小组评分	教师评分
说出色彩的情感性（30分）			
制订合理的网页配色方案（40分）			
正确运用色彩表达情感（30分）			
总　分			

学习任务三
网页色彩搭配

[学习目标]　①能识别色彩的角色；
　　　　　　②能归纳确立主色调的原则和方法；
　　　　　　③能构建正确的色彩关系；
　　　　　　④能选择合理的配色风格。

[学习重点]　①认识色彩角色；
　　　　　　②确立网页主色调。

[学习课时]　8课时。

一、了解色彩角色

　　网页中，色彩的角色主要根据其面积的多少来区分主次关系，不同的色彩使用面积相当，会感觉页面主次不分、没有整体感；当使用颜色过多时，会感觉页面过于琐碎、花哨，网页会显得轻浮而缺乏内涵。

　　为网页配色时，应根据主题内容区分主次，选择不同的色彩发挥不同的功能，让其扮演不同的角色。根据色彩的视觉主次关系可将网页中的色彩分为主色调、辅助色、点睛色和背景色。

1. 主色调

　　主色调是网页中占用面积最大，出现次数最多，贯穿网页中所有页面的色彩。主色调好似乐曲中的主旋律，在创造特定的气氛与意境上发挥主导作用，是整个网站的色彩表现力的灵魂。

2. 辅助色

　　辅助色是仅次于主色调视觉面积的色彩，用于烘托、支撑主色调，调和画面色彩关系，融合画面色彩感觉。

> **！ 友情提示**
>
> 　　在描述网页是什么色调时就是特指其主色调。

3. 点睛色

点睛色是在小范围内用来突出效果、活跃气氛，使页面更加鲜明生动的色彩，适用于占用范围较小的按钮、标签等。

4. 背景色

背景色是用于网站背景，协调、衬托整体色彩关系的色彩。有的背景色作用不大，仅起陪衬作用，在画面中占用的面积很小；但有些网页的背景色对画面的影响很大，既是背景，也是主色调。

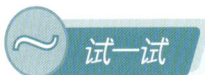

试一试

图3-1使用了多种色彩，让我们来区分其中的色彩究竟扮演何种角色。

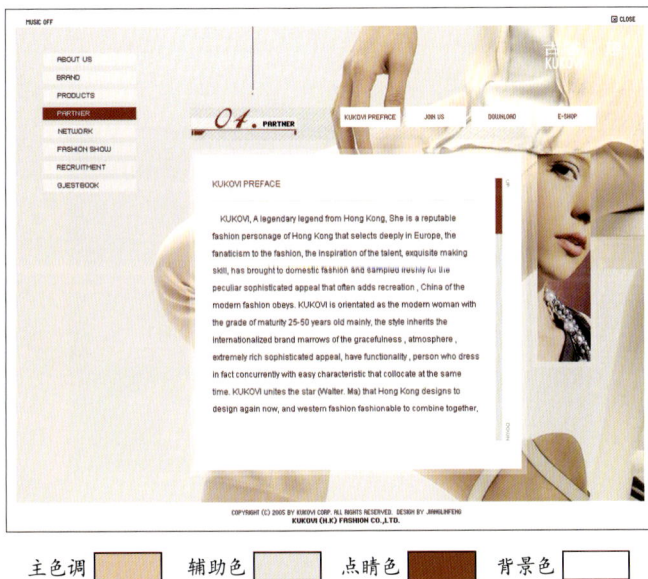

主色调　　辅助色　　点睛色　　背景色

图3-1　网页中的色彩角色

二、确立主色调

网页主色调的确立是在设计之初就面临的问题，因为主色调在配色中的核心地位，只有确立了主色调，才能开始构建网站的整体配色方案。下面通过对不同网站的分析与比较，引导设计者掌握确立主色调的原则和方法，快速准确地确立网页主色调。

1. Logo决定色调

几乎所有的网站都有自己的Logo，其作用与商标类似，每一个Logo都是独一无二的，用于展示网站形象，提高网站辨识度。

图3-2为Citrus-SEO网站首页，使用了Logo中果汁的橙色作为网页的主色调，橙色本来就是食品网站的最佳用色之一，而且也与商品本身的色调相关，一举两得。

图3-3所示的肯德基Logo形象早已为大家所熟知，网站使用Logo中的红色作为主色调，充满热情，也可理解为其食品充满能量，既树立了产品的形象又宣传了企业形象。

图3-2　Logo中的橙色作为网页主色调

图3-3　Logo中的红色作为网页主色调

　　图3-4所示中，Logo略显灰暗的蓝色与橙色，从色相关系上来说是一组对比色搭配，蓝色代表冷静、果敢，橙色代表警示、告诫，色彩对比鲜明而又显稳重，十分符合网站内容的特点。

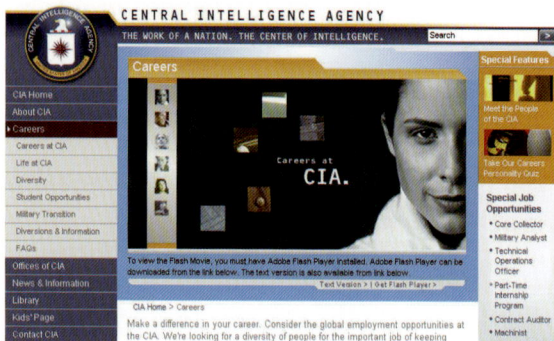

图3-4　Logo中的对比色作为网页主色调

　　图3-5所示的Poor Designers网页，其Logo使用简单的黑色，外形高端、大气，网页色调与Logo颜色相互呼应，给人一种有品质、有内涵的视觉感受。

　　使用Logo中的色彩作为网页的主色调是很好的选择，这样规划网页色彩有以下好处：一是Logo的色彩使用较为规范，往往都考虑了网站本身的特点，能更好地展示网站形象；二是Logo与网页色调相互呼应，易于给访问者留下规范、严谨的印象。

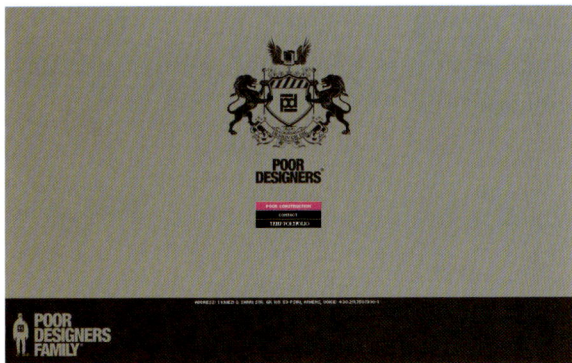

图3-5 Logo中的黑色作为网页主色调

查找5组你喜欢的Logo，了解其品牌形象特点，并分析Logo中的色调关系。

2. 类型决定色调

不同类型的网站在选择色彩搭配关系时往往会有较大的差异，选择色调要与网站的类型、内容相呼应，才能衬托出网站的个性，加深访客对网站的印象。

（1）企业形象类

企业形象类网站相当于企业的网络名片，常用于展示企业形象、加强客户服务，是企业进行形象宣传的平台。蓝色、红色、白色、灰色常常用于企业形象类网站。图3-6所示的灰色调网页，给人理性、稳重、高效、安全的视觉感受，有利于企业品牌形象的建立与提升。IBM的蔚蓝色、可口可乐的红色、联想集团的蓝色都与企业形象融为一体，已经成为企业的象征色彩。

图3-6 使用中低明度色彩搭配的商务网站

（2）休闲娱乐类

休闲娱乐类网站特点非常明显，风格轻松活泼、时尚另类。色彩或鲜艳亮丽，采用饱和度较高的色彩搭配；或简洁明快，采用高明度低饱和度的色彩搭配。图3-7和图3-8所示的音乐网站，配色风格差异明显。休闲娱乐类网站多选择红色、蓝色、绿色为主色调，红色与黑色的搭配、蓝色与绿色的搭配也是常见配色方案。

图3-7　配色厚重的音乐类网站

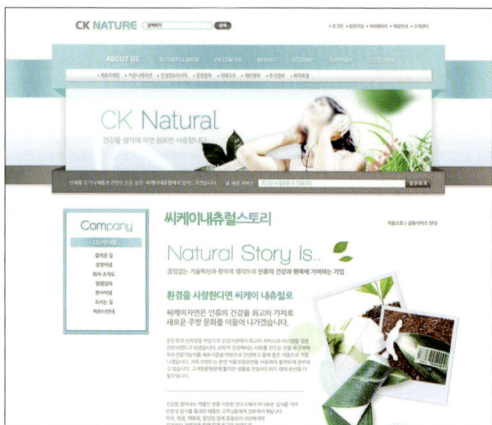

图3-8　配色清新的音乐类网站

（3）信息资讯类

信息资讯类网站将无数信息整合、分类，大多数用户通过它们来寻找感兴趣的内容，搜狐、网易、新浪等大型门户网站，百度、Google等搜索引擎网站是其中的典型代表，如图3-9和图3-10所示。由于网站功能定位的问题，这类网站在配色上的变化不大，主要强调协调统一，易于长时间浏览，符合大多数人的基本审美需求。

（4）文化教育类

文化教育类网站主要用于提供文化服务、展示学校形象，具有其独特的人文气质和精神内涵，在配色上尽量使用轻松、有活力的色彩，如红色、蓝色和绿色，如图3-11所示；或者使用明度较高的色彩，如白色、浅褐色、浅灰色等，如图3-12所示。

图3-9　新浪网首页

图3-10 百度搜索首页

图3-11 红与灰搭配的网页设计

图3-12 浅灰色为主的网页设计

（5）个性化类

个性化类网站一般是为了兴趣爱好或展示自我等目的创建的，带有明显的个人色彩，无论内容、风格都形式各异、包罗万象，如图3-13和图3-14所示。这类网站的用色没有明确的方向性,随心所欲,任意而为,会使用平时配色中少见的搭配方式,如多种色彩的混搭、高饱和度色彩与灰色的搭配、黑色与绿色的搭配等。

图3-13　像素化背景网页

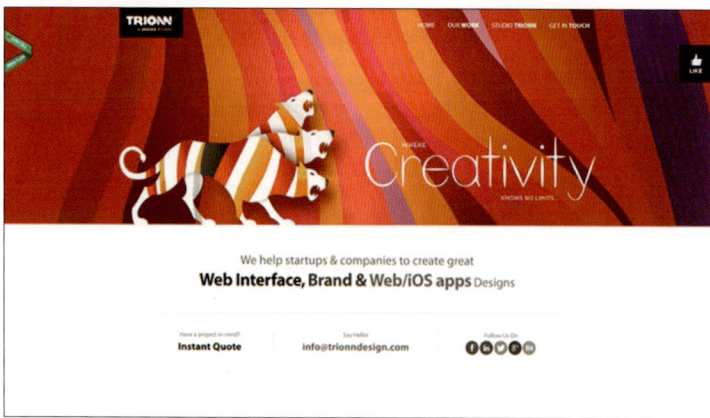

图3-14　色调丰富的配色设计

?　想一想

网页的类型并不局限于上述内容,还有哪些类型,它们又有何特点?

3. 风格决定色调

不同风格的网站应该选择不同的色彩和视觉元素,以达到形式与内容的统一,更加符合人们的认知习惯。

（1）时尚风格

时尚风格适用于房地产、珠宝、化妆品、婚纱、时尚服饰等需要特别注重视觉效果的网站。时尚风格类型的设计特色呈现出简约、精致、高品质的感觉。色彩的运用上建议使用饱和度高、对比鲜明的色彩,达到吸引眼球、烘托气氛的目的;或使用清爽有透气感的高明度色彩,能给人高品质的感觉,如图3-15所示。

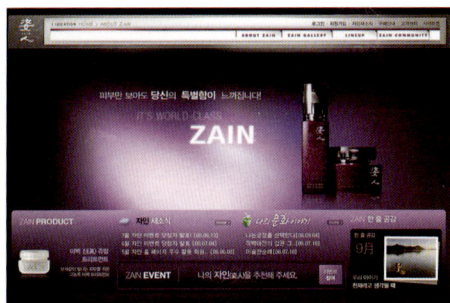

图3-15　时尚风格网页设计

（2）简约风格

简约风格的网站一般没有繁复的元素和色彩，给人一种稳重、干练、大气的感觉。政府机关、大型企业、门户网站等常常使用简约风格的设计。色彩的选择上多用白底、黑字，各种降低饱和度的色彩（如蓝灰色、绿灰色）和同一色彩的明度变化来表现沉稳大气与协调统一的感觉，如图3-16所示。

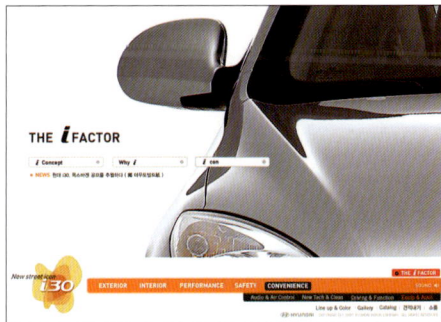

图3-16　简约风格网页设计

（3）自然风格

自然风格适用于休闲度假、旅游观光、户外餐厅等网站。自然风格类网页设计大多会使用户外场景素材来营造出休闲的氛围。

自然风格其实是一种贴近真实世界，还原自然状态的感觉，色彩的选择上多使用自然界中各种美好的色彩关系，如天的蓝、云的白、树的绿、草的青等，同时为了使画面看上去更加的轻松、惬意，多使用高明度与低饱和度的色彩搭配，如图3-17所示。

图3-17　自然风格网页设计

（4）古典风格

古典风格主要用于企业形象或商品风格偏向"中国风"或"欧洲古典风"的网站。"中国风"网站在设计上通常会选择书法、印章等元素来传达中国文化；"欧洲古典风"网站常以欧式建筑、纹饰来表现古典风格。

"中国风"网站在色彩的运用中一般常用黑色与白色来表现中国人独特的阴阳理念与水墨世界，用黄褐色来代表历史的积淀与岁月的印记。"欧洲古典风"的色彩往往用红色与金色营造高贵奢华的感觉，用低明度色彩营造凝实厚重的感觉，如图 3-18所示。

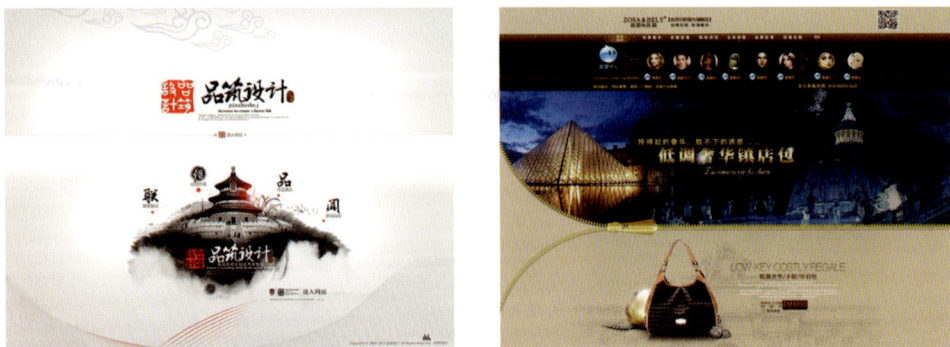

图3-18　古典风格网页设计

（5）活泼风格

活泼风格适用于主题乐园、童装、学校等以儿童或年轻人为主的网站，在页面设计上往往大胆随意、不拘一格，有很强的灵活性，以展现出儿童或年轻人的心理与性格特点。

在儿童或年轻人的眼中，世界完全是另一番景象，色彩的选择上或奇异或怪诞，总是那么的与众不同。在具体使用上，一是采用多种高饱和度色彩的搭配，以突出欢快、热闹的效果；二是采用轻快的色彩，也就是高明度的色彩，给人一种充满青春气息，热情有活力的感觉，如图3-19所示。

图3-19　活泼风格网页设计

（6）沉稳风格

沉稳风格适用于高档贵重商品网站，高档商品不适合艳丽的色调，使用暗色调更能体现出产品的价值不菲，男性或者老年人主题的网站也适合这种风格。

沉稳风格的网站通常使用暗淡的色彩作为主色调，低明度的色彩适合表现成熟的气质，低饱和度的色彩能营造优雅的格调。红色与紫色、黑色与灰色、褐色与咖啡色等都是不错的选择，如图3-20所示。

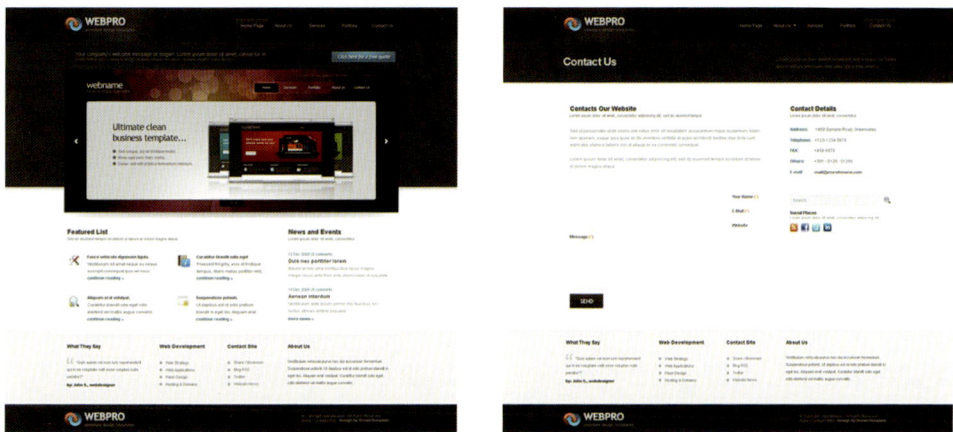

图3-20　沉稳风格网页设计

（7）男性风格

男性风格适用于西服、游戏、体育、健身等以男性为主的网站。设计中多采用直线、折线等元素以显示男性的力量感，画面常常呈现出穿插、破碎的视觉效果。

男性风格网站常常采用成熟稳重的蓝色、棕色，阳刚开朗的红色、橙色，忧郁深沉的黑色、灰色等作为主色调，如图3-21所示。

图3-21　男性风格网页设计

（8）女性风格

在互联网上，女性化的配色占的比重较大，这和女性用品多于男性用品有关，从美容化妆到时尚服饰，从娱乐休闲到衣食住行，生活中女性化产品无处不在。

女性网站色彩设计中，常用提高明度的粉红象征轻快、俏皮的年轻女性，用降低明度的暗红象征稳重、高雅的成熟女性，用紫色象征女性的优雅与神秘，用蓝色象征女性温婉和柔情，用白色象征女性的圣洁与天真，用粉黄、明黄象征女性的清纯可爱，如图3-22所示。

> **？ 想一想**
>
> 思考除了色彩关系外，还可以从哪些方面表现网页风格？

图3-22　女性风格网页设计

三、认识配色误区

浏览某些网页时,会感觉眼睛难受、头皮发胀。出现这种状况时,网页色彩搭配不合理是最常见的原因之一。

1. 缺乏主色调

一般来说,色调明确的网页更受访问者欢迎,因为这样的网页主次分明,易于识别、寻找,能减少访问者的负担。图3-23所示的配色,虽然只有红色一种色调,但色调统一、层次分明,视觉效果强烈。

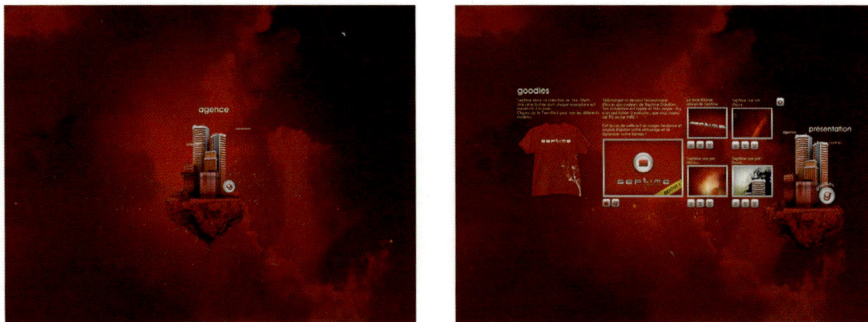

图3-23　主色调明确的网页

试一试

缺乏主色调是网页美工设计初学者最容易出现的问题,找找你以前设计的网页,观察色调关系是否明确,看看能否提出修改方案。

2. 文字易见度低

人眼识别色彩的能力有一定的限度,由于色彩的同化作用,色与色之间对比强则易于分辨,对比弱则难于分辨,这在色彩学上称为易见度。

网页色彩搭配必须充分考虑文字颜色与背景色的对比问题,对浏览者而言,重要的是文字,网页色彩运用就必须注意文字的易见度。文字与背景最简单快捷的搭配方式就是高明度背景用低明度文字,反之亦然,如图3-24所示。如果背景和文字明度接近或者差别太小,易出现文字无法识别的问题,如图3-25所示。

图3-24 高明度背景下的低明度文字

图3-25 背景与文字颜色接近不易识别

不同色彩搭配的易见度是不同的,黄色在白色背景上的易见度最低,如图3-26所示。橙色与任何颜色搭配都很清楚,而且它兼具红色与黄色的优点,柔和明快,易于为人们所接受,如图3-27所示。

图3-26 黄色在高明度背景中易见度低

图3-27 橙色与任何颜色搭配都很清楚

绿与红、绿与灰、紫与红、紫与黑等几种搭配的易见度低,是应该避免使用的色彩组合,如图3-28所示。

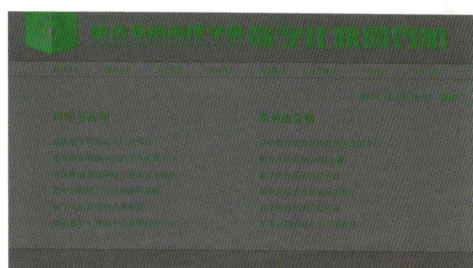

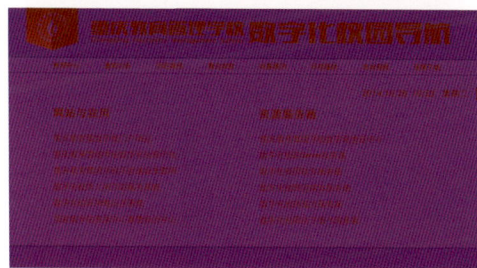

图3-28 易见度低的色彩组合

想一想

易见度低的色彩组合不止以上几种，你还能列举几种出来提醒大家注意吗？

3. 增加视觉负担

色彩刺激强度高，画面引人注目，但大面积使用容易产生视觉疲劳。低刺激度色彩疲劳度虽小，但容易产生压抑、沉闷的感觉。

大面积使用柔和明快的浅色调，而鲜艳的色彩小面积出现能有效避免强烈刺激和平淡沉闷，画面呈现出一种既有对比又和谐统一的效果，如图3-29所示。

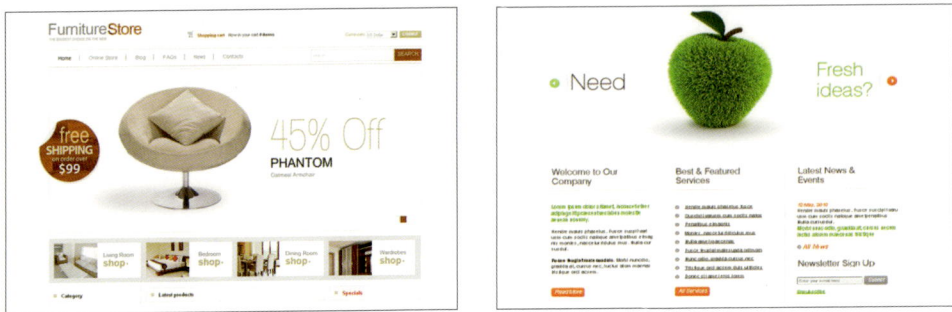

图3-29　柔和明快的浅灰色调

在进行网页设计时，可能会遇到各种各样的色调。当遇到暗色调的网页时，为了打破暗色调压抑、沉闷的负面影响，就必须用明度较高的色彩来调和，如图3-30所示。暗色调对视觉刺激较弱，不易引起视觉疲劳，只要注意消除暗色调的负面影响即可。

图3-30　暗色调用高明度、高饱和度色彩调和打破沉闷、压抑的气氛

黄色是彩色系中明度最高的，对视觉刺激性较大。蓝色的特性是沉稳、平静、内敛，而且是明度较低的色彩，图3-31使用蓝色与黄色调和能有效地抑制黄色带来的视觉刺激。

红色是彩色系中最鲜艳的色彩，对视觉刺激十分强烈，长时间对着大面积的红色会产生烦躁、焦虑的情绪，很容易引起视觉疲劳。如果必须要用红色作背景，使用低明度、沉稳、消极的色彩与其搭配可有效抑制红色的视觉刺激，如图3-32所示。

图3-31 蓝色可以调和黄色对视觉的刺激

图3-32 红色背景用深褐色、黑色等色彩调和视觉关系

通过以上学习，总结应该如何避免增加视觉负担。

4. 风格与主题脱离

每一个网站都有自己的气质与风格，青年人主题网站使用沧桑厚重的配色风格，奢华酒店的网站采用简洁明快的配色风格，都明显背离了主题，会造成形象传达不准确。

设计促销活动的网站，就要尽量使用热烈活泼的色彩，如图3-33所示。

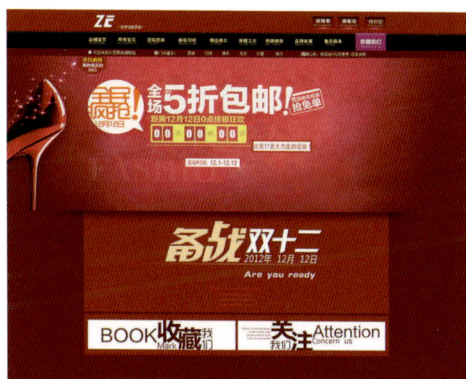

图3-33 热烈活泼的高饱和度色彩

设计一个成熟稳重风格的别墅网站，最好不使用鲜艳、亮丽的色调，而是应使用厚重沉稳的灰色调，即使页面中有比较鲜艳的色彩，也要降低其饱和度，使其更沉稳大气，如图3-34所示。

图3-34 稳重大气的低饱和度色彩

想一想

风格与主题是一脉相承的, 不同主题的网页应该如何选择配色风格?

练一练

①前面查找了5组Logo并分析其色彩关系, 选择其中一个, 从Logo出发设计一个带有明显配色风格特征的形象页。

②打开"作业素材/任务三/素材1"和"素材2", 分析设计中的配色问题, 并选择一张进行修改。

学习评价

学习要点	我的评分	小组评分	教师评分
记住确立主色调的原则和方法(30分)			
构建正确的色彩关系(30分)			
选择合理的配色风格(40分)			
总　分			

学习任务四
认识文字字体

[学习目标] ①能识别汉字字体；
②能识别拉丁字体；
③能灵活运用汉字字体；
④能灵活运用拉丁字体。

[学习重点] ①认识汉字字体；
②拉丁字母的应用场景。

[学习课时] 2课时。

　　文字是网页元素的重要组成部分，要在网页中运用好字体，我们应该了解字体的特征与性格，清楚不同字体的适用场合。本任务通过对中外字体字形结构的分析与比较，让读者能够辨明字体的风格特征，为下一步字体选择与运用、文字版式设计、字体设计打下基础。

一、汉　字

　　汉字保留了象形文字图画的感觉，外观规整，字形为方形，笔画形态上呈现出丰富的变化，每个独立的汉字都有各自的含义，在运用上注重形意结合。根据字体结构和笔形特征，一般将其分为书法体和印刷体两个大类。

1. 书法体

　　纵观世界文化艺术发展史，中国书法作为中华民族所独有的艺术形式，历经几千年的更新衍变，成为独树一帜的艺术精粹，它不仅是中国的艺术，更是人类世界不可或缺的瑰宝。

　　（1）甲骨文

　　甲骨文指商代后期刻在龟甲和兽骨上的文字。甲骨文的特点瘦弱纤细，笔画较直，线条细而硬，呈现平直、瘦劲的风格，保留着浓重的描画物象的色彩，如图4-1所示。

　　（2）金文

　　金文指商周时期铸刻在青铜器上的文字，也称钟鼎文。金文是甲骨文的直接继承，线条一般较为简易，字形结构开始趋于规范方正，但结构仍不稳定，仍保留着描画物象的色彩，如图4-2所示。

图4-1　甲骨文

图4-2　金文

（3）篆书

篆书有大篆与小篆之分。大篆起源于西周后期，其代表为今存的石鼓文，因刻于石鼓上而得名。大篆字形的构形多重叠，风格遒劲凝重，字体结构整齐，线条化已经完成，打下了方块字的基础，如图4-3所示。

秦灭六国，统一文字，这种文字就是小篆。小篆由大篆衍变而成，字体形态偏长、匀圆齐整。小篆笔画更加圆润，转角处都带有弧线，几乎完全摆脱了图画文字的特征，把线条化与规范化发展到了完善的程度，如图4-4所示。

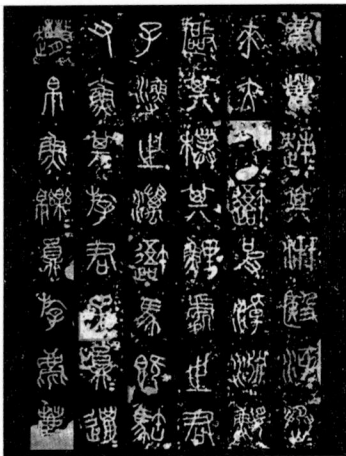

图4-3　大篆

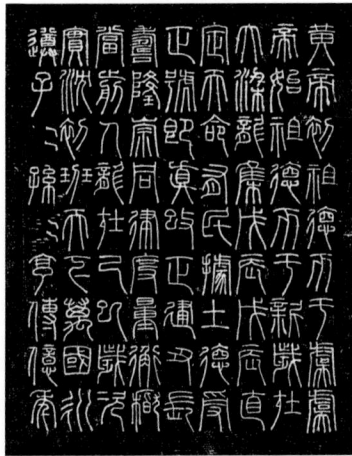

图4-4　小篆

（4）隶书

隶书源于秦朝，盛于汉代，由篆书演化而来。由于在木简上用漆很难写出圆滑的笔画，于是将篆书圆滑的笔画改为方折，使书写更便捷。隶书的出现，是古代文字与书法的一大变革，由它派生出草书、楷书、行书等各种字体，为书法艺术的繁盛奠定了基础，如图4-5所示。

（5）楷书

楷书始于东汉，盛于唐代，其形体方正，笔画平直，有"可作楷模"之意，故名楷书。楷书在摆脱古代汉字图形意味这一点上，比隶书更进一步，它是由完备的笔画组成的方块符号，汉字的方块字从此定型，如图4-6所示。

图4-5　隶书

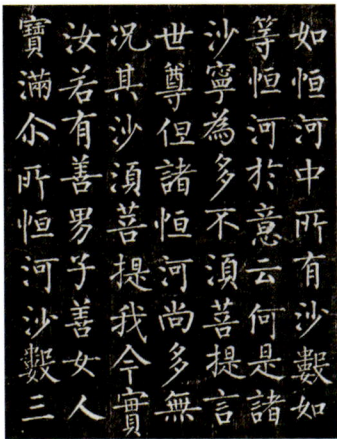

图4-6　楷书

（6）行书

行书产生于东汉末年，是介于楷书、草书之间的一种字体，可以说是楷书的草化或草书的楷化。它是为弥补楷书的书写速度太慢和草书的难于辨认而产生的，其笔势不像草书那样潦草，也不像楷书那样端正，如图4-7所示。楷法多于草法的称为"行楷"，草法多于楷法的称为"行草"。

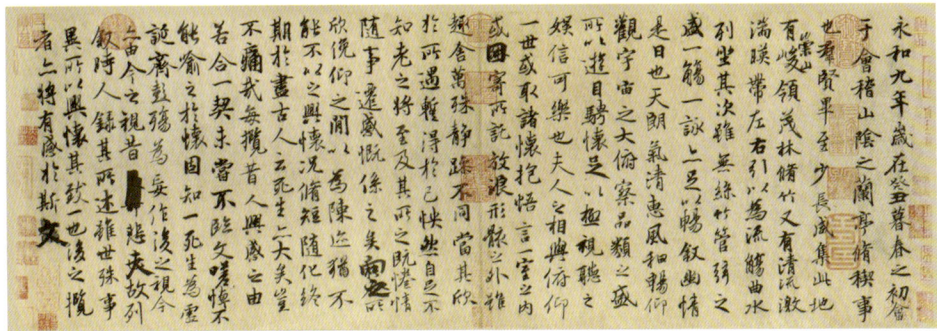

图4-7　行书

（7）草书

草书作为一种字体出现是在东汉以后，是为书写简便在隶书基础上演变而来，有章草、今草、狂草之分。章草是隶书的草写体，笔韵变化有章法可循；今草是章草的延续，不拘章法，笔势流畅，不易于辨认；狂草出现于唐代，笔势狂放不羁，成为完全脱离实用的艺术创作。草书把其他字体繁复的笔画用寥寥数笔勾画出来，达到高度简化、快速书写的目的，有一定的进步意义，如图4-8所示。

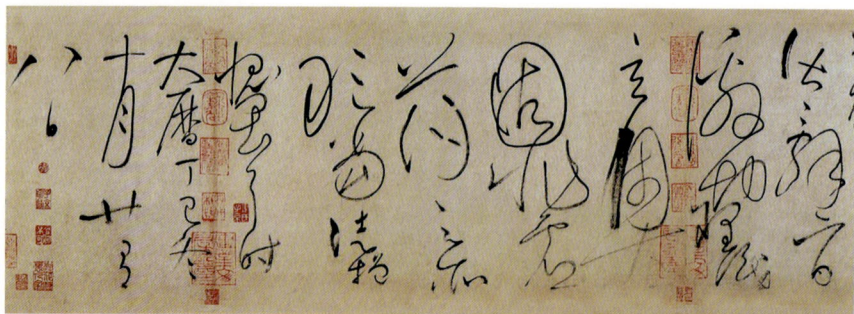

图4-8　草书

2. 印刷体

印刷字体具备标准的字形和统一的规格,能适应不同读者的阅读习惯和印刷品工业化加工的要求。汉字中最具代表性的印刷体是宋体与黑体,它们是多种印刷体字形结构发展和变化的基础。

（1）宋体

宋体是在北宋雕版刻书字体的基础上发展而来,于明代完成定形。它包括老宋、仿宋、长仿宋以及笔画粗细变化的中宋、粗宋等。宋体具有字形方正、横细竖粗、撇如刀、点如瓜子、捺如扫等特点,其风格典雅工整、严肃大方,如图4-9所示。

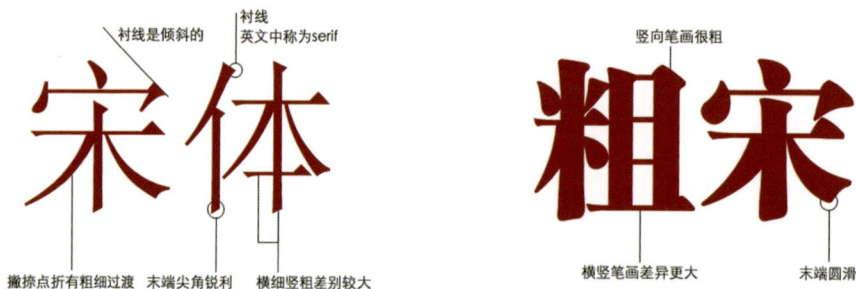

图4-9　宋体的字形变化

宋体被称为通用印刷体,字形方正、笔画优美。用大号字时工整严肃不失变化,用小号字时清秀典雅便于识别,书籍、文档的正文几乎都使用宋体。

（2）黑体

黑体起源于清朝末期,因字体较粗、方黑一块而得名,也称方体、等线体。它包括黑圆、美黑、仿黑以及笔画粗细变化的细黑、粗黑等。黑体具有横竖粗细一致、方头方尾的特点,其风格浑厚有力、朴素大方,如图4-10所示。

黑体字结构严谨,笔画单纯,是最适合作为大字号出现的字体,如标题、广告语等。由于笔画较粗,小字号黑体辨识度不高,通常书籍、文档的正文内容较少使用黑体。

3. 其他字体

经过长期的发展,特别是受到西方现代设计思想和计算机应用技术发展的影响,各式各样、形态各异的字体层出不穷,使得无论是艺术设计还是文档处理,在字体选择上越来越丰富。

汉字字体发展到今天，书法体与印刷体本来泾渭分明的界限变得越来越模糊，而新字体更是如雨后春笋般不断涌现，出现了很多效果新奇的字体，如设计字体、艺术字体、名人字体、POP字体等，如图4-11所示。

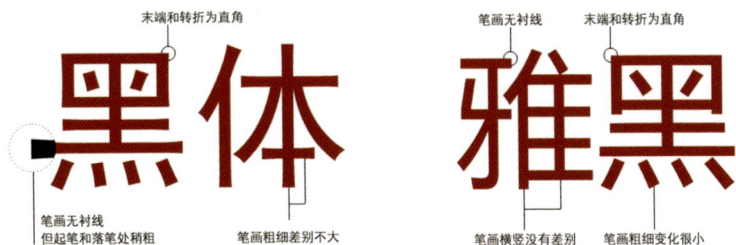

图4-10　黑体的字形变化

图4-11　其他汉字字体

试一试

教师展示不同的书法体与印刷体文字，让学生进行识别。

二、拉丁字母

拉丁字母按语音排列从A到Z共有26个字母，除了其本身的大、小写区分外，还有与之风格一致的阿拉伯数字。其字母外形各异、富于变化，和汉字相比，拉丁字母在字体整体设计上有一定的优势。

友情提示

世界上应用拉丁字母的国家有60多个，它已成为世界通用的字母。英文字母完全沿用拉丁字母符号，成为应用最广泛的文字体系。

为使文字整齐美观，需为字母设立共用的限制线条，以限制文字的各种尺度。拉丁字母的构成元素为横线、斜线、衬线、幼线、干线、脊线、线珠、喙突、圆曲及字腔等，如图4-12所示。

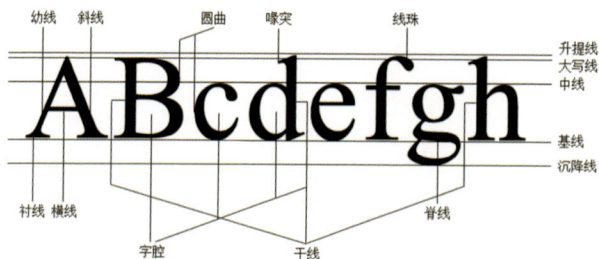

图4-12 拉丁字母的构成元素

拉丁字体主要分为衬线字体与无衬线字体，如图4-13所示。

图4-13 衬线体与无衬线体的区别

1. 衬线体

衬线体在笔画始末的地方有额外的装饰，且笔画的粗细会因位置和方向的不同而有所区别，强调字母笔画的走势及前后联系，使前后文有更好的连续性，适合作为正文字体。

（1）衬线之王——Garamond字体

Garamond是一种旧衬线体，字体用途广泛、易读性非常高，适合大量且长时间阅读，如图4-14所示。西方文学著作常用Garamond字体来做正文，苹果电脑、高级餐厅的菜单和高档红酒的酒标上，也通常能见到这种古典而优雅的字体。

（2）印刷之王——Bodoni字体

Bodoni字体以出版印刷之王 Giambattista Bodoni的名字命名，他是一位多产的字体设计师，也是一名伟大的雕刻师。Bodoni字体被誉为现代主义风格最完美的体现，给人以浪漫而优雅的感觉，用在标题和广告上更能增色不少，如图4-15所示。

图4-14 Garamond字体

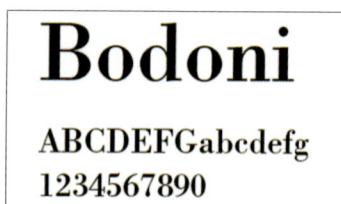

图4-15 Bodoni字体

（3）典雅秀丽——Times New Roman字体

Times New Roman是一种广泛使用的过渡衬线体。截线如被切割般平整、纤细、末端矩形，字母宽度差别较小，显得四平八稳，应用范围广泛，如图4-16所示。Times New Roman显示小字时易读性仍然很高，但作为标题就不那么醒目了。

（4）经典时尚——Didot字体

Didot字体代表了现代衬线体风格的顶峰，它既保留了传统古罗马字体的经典衬线，又拥有现代风格的锋利切角，极其适合时尚杂志的封面大字和标题字体。Didot字体并不是所有的字号看起来都很棒，在不同的字号段内，Didot字体的笔画粗细都需要作专门的调整，这使得Didot字体显得特别有个性，如图4-17所示。

图4-16　Times New Roman字体

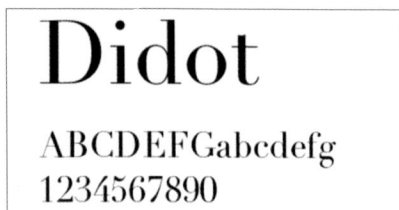

图4-17　Didot字体

2. 无衬线体

无衬线体笔画粗细基本一致，强调的是单个字母，相对而言容易造成字母辨识的困扰，因此，适合用作标题之类需要醒目但又不被长时间阅读的地方。

（1）无处不在——Helvetica字体

Helvetica字体是世界上最著名的字体，字形干净、清晰，易于辨认和快速阅读，如图 4-18所示。Helvetica字体家族已成为很多数字印刷机和操作系统中不可缺少的一部分。无数的Logo都在使用 Helvetica字体，如美国航空、BMW、松下、三星等。

（2）清晰可读——Frutiger字体

Frutiger字体由瑞士设计师 Adrian Frutiger设计。设计师的目标是制作一个新的无衬线字体，既保留了 Univers字体整洁美观的特点，又加入了Gill Sans字体的有机元素，最终形成了Frutiger字体清晰可读的特点，如图 4-19所示。

图4-18　Helvetica字体

图4-19　Frutiger字体

（3）庄严厚重——Impact字体

Impact是一种古典无衬线体，笔画极粗，且粗细变化强烈，字形高大，字母上伸部分短，下伸部分更短，字宽和字母间距很小，总体给人一种紧凑、厚重的感觉，如图4-20所示。Impact用在标题中非常醒目，不过显示大量文字的时候识别度很差。

（4）简洁大气—— Century Gothic字体

Century Gothic是一种几何无衬线体。C、e、G、o等字母的外形都非常接近于几何形状的正圆。Century Gothic笔画较细，字腔很大，字符较宽，几乎不做任何多余修饰，看上去简洁干脆，如图4-21所示。无论用于正文还是标题，造型独特的Century Gothic给人的感觉总是别具一格。

图4-20　Impact字体

图4-21　Century Gothict字体

3. 其他字体

拉丁字体除了衬线体与无衬线体外，还有线条细长柔美、蜿蜒卷曲，风格或自然随意或灵动飘逸的手写体，如Zapfino，Segoe Script等；为适应设计风格而产生的具有独特外形特点的设计体，如Papyrus，Copperplate Gothic Light等；加入图形化元素装饰，风格各异，适合修饰个别文字的装饰体，如Jokerman、BlackCasper等。拉丁字体的发展由来已久，种类及变化更加丰富，图4-22仅列举了几种较有特点的拉丁字体。

图4-22　其他拉丁字体

试一试

选择衬线字体与无衬线字体各4种，让学生进行判断。

知识链接

字库是中文字体、外文字体以及相关字符的电子文字字体的集合，被广泛用于计算机、网络及相关电子产品上。字库一般有以下分类方式：

①按字符集分为中文字库、外文字库、图形符号库；

②按语言分为简体字库、繁体字库、GBK字库等；

③按编码分为 GB2312、GBK、GB18030等；

④按品牌分为微软字库、方正字库、文鼎字库、华文字库、迷你字库等；

⑤按风格分为如汉字的宋体、黑体、楷体、隶书、魏碑、POP字体等，如拉丁字母的文书体、哥特体等；

⑥按人名划分，常见字体有舒体（舒同）、启体（启功）、康体（康有为）、兰亭（王羲之）、静蕾体（徐静蕾）等。

赏心悦目的文字效果不是依靠更多的字体来实现的，了解网页设计中如何选择字体与调整文字，才是设计出漂亮网页文字的关键。

～ 试一试

下载一些字体，比比哪种字体更漂亮、更实用。

! 友情提示

计算机中默认的字体不多，难以满足设计需求。网络上可搜索到很多字体文件，下载后复制或安装到字库文件夹中，这时再使用如Word、Photoshop等软件时，在其字体选项中就能使用安装好的字体了。

练一练

①打开资源中的字体文件夹，安装其中提供的中、英文字体。

②打开"作业素材/任务四/素材1"，进行书法字体排版的页面设计，可使用图片素材。

③打开"作业素材/任务四/素材2"，进行印刷字体排版的页面设计，可使用图片素材。

学习评价

学习要点	我的评分	小组评分	教师评分
识别汉字字体（30分）			
识别拉丁字体（30分）			
灵活运用字体（40分）			
总　分			

学习任务五
网页文字排版

[学习目标] ①能在网页中合理选择字体；
②能合理选择文字字号；
③能合理设置文字间距；
④能灵活运用文字色彩。

[学习重点] ①字体选择；
②色彩选择。

[学习课时] 6课时。

　　网页文字排版包括文字的字体选择、字号选择、间距设置、色彩选择、文字编排等方面。恰当地使用网页文字，科学合理地对网页中的文字进行基本属性调整与文字编排，是网页文字排版的基本要求。

一、字体选择

　　设计者可以用字体更充分地体现设计中要表达的情感，字体选择是一种感性、直观的行为，选择字体的一些原则只能是一种相对适合的标准，不能绝对化。基本的原则是文字信息表达清晰、与主题内容不冲突、视觉效果舒适。

1. 字体种类

　　在同一页面中，字体种类少，界面雅致，有稳定感，如图5-1所示；字体种类多，则界面活跃，丰富多彩，如图5-2所示。总的来说，同一页面的字体种类不宜过多，否则会显得杂乱无章。

2. 衬线体与无衬线体

　　衬线体文字一般运用在传统、高端、庄重和相对女性化的设计中，如图5-3所示。无衬线体文字比较适合时尚、现代、简洁和相对男性化的设计中，如图5-4所示。衬线体字形优美，结构复杂，相对刻板正式；无衬线体给人休闲轻松、干净简洁的感觉而更受欢迎，网页设计中多采用无衬线体。

图5-1　稳定整洁的字体效果

图5-2　轻松随意的字体效果

图5-3　衬线体庄重典雅

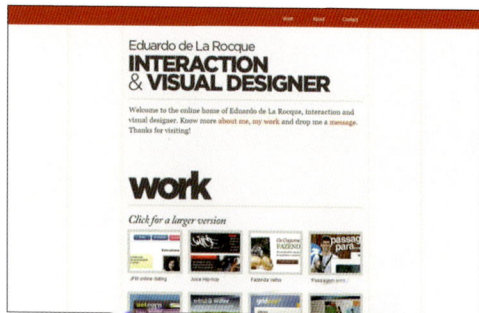

图5-4　无衬线体简洁明快

3. 字体粗细

字体笔画的粗细是字体风格的一部分，文字中笔画与间隙的不同比例会带来不同的视觉感受。字体纤细高雅细致，有女性特点，适合服装、化妆品、食品等网页内容，如图5-5所示；字体变粗强壮有力，有男性特点，适合机械、建筑、电子产品等网页内容，如图5-6所示。

图5-5　优雅高贵的细字体

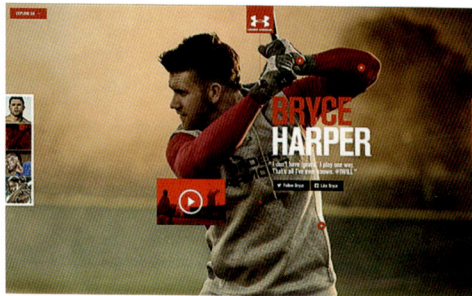

图5-6　效果强烈的粗字体

4. 标题与正文

标题的视觉作用是吸引注意，一般字形较大，所以多采用无衬线体或粗字体，如图5-7所示，如果用细字体作标题，会让人觉得内容没有价值。正文内容主要考虑字体的清晰与阅读的便利，一般字形较小，多采用衬线体或细字体，同时笔画间隙明显，可加强字体的辨识性，如图5-8所示。

图5-7 粗字体强调视觉吸引力

图5-8 细字体强调阅读便利性

丰富的字库让我们在使用字体时有了更多的选择，好的字体能让网页文字排版更漂亮、阅读更方便、内容更耐看，但网页视觉设计中使用的字体能否在用户的浏览器中正常显示，也是网页设计者必须考虑的问题。字体要尽量选择网页安全字体，如果为了设计效果一定要使用其他字体，那么可以将其设计为图片并切片输出使用，否则会出现用户未安装对应字体影响文字呈现效果的问题。

知识链接

中文安全字体有宋体、黑体和微软雅黑，英文安全字体主要有Verdana、Georgia、Courier New、Arial、Times New Roman、Impact等字体。

英文网站如果使用了非安全字体，一般会在打开网页时提供在线下载、安装字体功能，以保证网页显示的效果。

中文安全字体相对较少，中文网站如果使用了非安全字体，就会影响页面的显示效果。因为中文字体文件比英文字体文件大得多，下载和安装字体的长时间等待可能会失去访问者，所以中文网站一般不提供字体在线下载、安装功能，转而限定在网页设计时尽量使用安全字体。不过，随着网络速度的提升以及公共Web字体服务器技术的研发，这一问题最终有望得到解决，到时中文网页也可以随心所欲地使用字体了。

网页效果图并不是真正的网页，无论是否使用安全字体都不会影响文字的设计效果。如果一味追求设计效果而选用过多非安全字体，可能会出现实际网页与效果图不符的现象，给后期制作人员造成困扰。

二、字号选择

大字号文字能产生强调和突出作用，一般用于标题、主题文字；小字号文字容易产生整体感和精致感，一般用于正文和辅助信息。字号大小可用不同的单位来表示，如磅（point，又称点，简写为pt）、像素（pixel，简写为px）。网页文字通过显示器显示，通常采用像素（px）为单位。

英文字母与汉字相比而言，笔画没有是否复杂一说，英文字母的小字号总是能显得很简洁、清晰，绝大部分英文网站的主体内容都选择小字号。9~13px的字号在英文网页中十分常见，如图5-9所示。

图5-9　无论大小字号都很清晰的英文字体

　　网页中的中文不能照搬英文字号的选择，主要是因为两种字体表现形式完全不一样，中文字号在10px以下看不清楚，一般要达到 12px才能体现出不错的效果。就目前来看，12px和14px大小的宋体在阅读性和美观性上是结合得最好的。若比12px再小的话，就会失去阅读性和美观性；若比14px大的话，阅读性是有的，但是美观性就差了一些。所以几乎所有网页中的中文都采用这两个字号来表现正文内容，如图5-10所示。

图5-10　汉字在小字号的选择上有一定局限性

　　大字号文字没有明确的大小限制，标题文字一般用16px, 18px或20px, 主题文字或字体设计内容可以做到非常大的字号，甚至用文字代替图片作为页面的主体形象存在，所以大字号文字主要根据需求确定具体大小，如图5-11所示。

图5-11　大字号文字独特的视觉效果

知识链接

　　Photoshop软件中，字号单位默认用"点"表示，如图5-12所示。字号太大会出现锯齿，"消除锯齿方式"有5种，如图5-13所示。12px至14px的文字消除锯齿方式选择"无"才能显示清晰，由于"无"方式让文字边缘过于锐化，16px以上文字可以选择其他几种方式消除锯齿并平滑边缘。

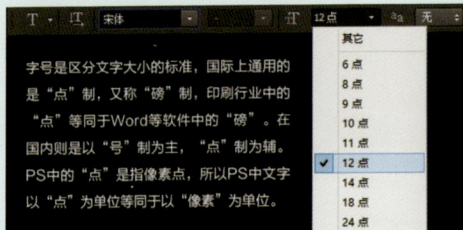

图5-12　Photoshop中字号的单位

图5-13　Photoshop中消除锯齿方式

三、间距设置

　　间距设置的内容包括字距设置与行距设置两个方面：字距与行距的调整能直接体现设计作品的风格与品位，也能够影响读者的视觉和心理感受。字距与行距本身是具有很强表现力的设计语言，为了加强界面的装饰效果，可以有意识地加大或缩小字距与行距。

　　加大字距可以体现轻松、舒展的情绪，适用于娱乐性、抒情性的内容，如图5-14所示；缩小字距会产生简练、有力、时尚等感受，适用于表现有张力感觉的内容，如图5-15所示。

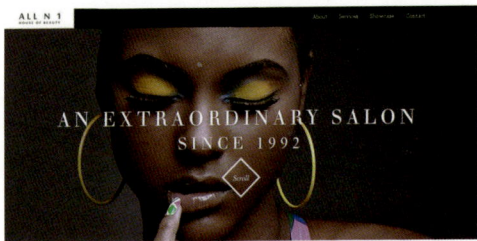

图5-14　加宽字距有轻松的视觉感受

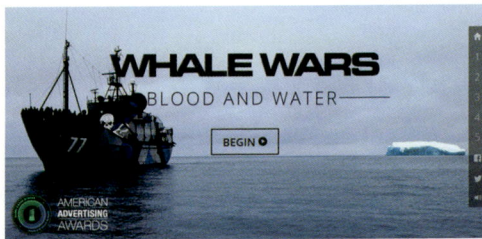

图5-15　小字距适合表现有张力的内容

　　行距的变化也会对文本的可读性产生影响。书籍、文档中行距的常规比例为10:12，即字号为10px，则行距为12px，而设计作品中可以适度提高和降低行距的比例。行距过小会造成文字的混乱，行距过大则会使文字失去延续性。适当的行距会形成一条明显的水平空白条，以引导浏览者的目光，如图5-16所示。

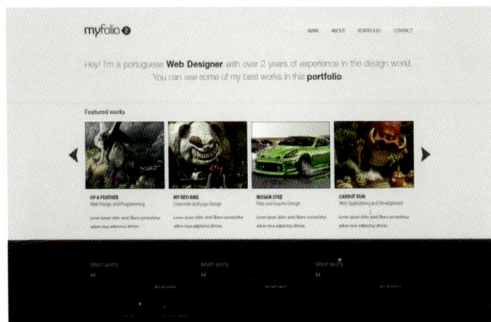

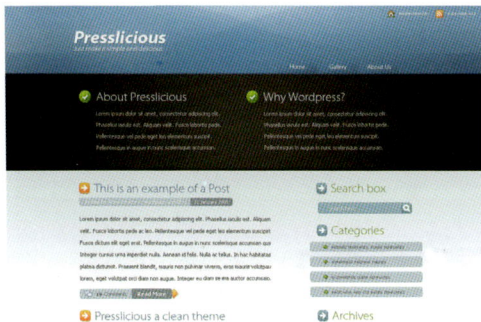

图5-16 适当的行距有引导阅读的作用

友情提示

在Photoshop中,默认行距包含文字本身高度,即如果字号与行距都设为12px,那么在"设置行距"中设为"24"才有效果。

四、色彩选择

在网页文字设计中,文字颜色对整个文案的表达会产生很大的影响。加强或减弱文本的色彩表现强度,会有视觉导向效果,对浏览者从视觉上分清网页内容的主次有明显的引导作用。使用不同颜色的文字可以使想要强调的内容更加引人注目。

虽然网页文字的色彩丰富多样,但黑色与白色始终是使用最广泛、最频繁的色彩,特别是在正文文字的颜色选择上更是如此,如图5-17和图5-18所示。

图5-17 主体为黑色的网页文字

图5-18 主体为白色的网页文字

从网页本身色彩搭配或主题图片中选择色彩，作为网页文字的颜色是不错的方式。需要注意的是，一定要选择页面中比较明显的色彩，或选择图像元素的主要色彩，才能使网页文字与网页本身形成视觉上有联系的整体，如图5-19和图5-20所示。

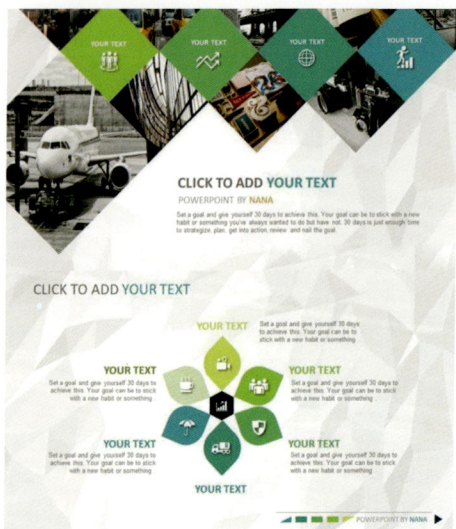

图5-19　文字颜色来源于网页配色

图5-20　文字颜色来源于主题图片

五、对齐方式

网页里的正文段落是由许多单个文字经过编排组成的整体，不同的段落对齐方式会产生不同的段落形状，要充分发挥文字整体形状在网页布局中的效果和作用。

1. 两端对齐

文字排版可以横排也可以竖排，只要左右或上下的长度对齐，这样的字符组合就显得整齐、端正、严谨、大方、美观。要避免平淡，可选取不同的字体穿插使用。两端对齐的文字容易与图片形成整齐划一的组合感，如图5-21所示。

图5-21　两端对齐的文字排版

2. 一端对齐

一端对齐的排版能产生视觉节奏与韵律的形式美感。通过左对齐或右对齐使行首或行尾自然形成一条清晰的垂直线，另一端任其长短不同，能产生虚实变化，又富有节奏感。左对齐符合人们的阅读习惯，有亲切感，如图5-22所示。右对齐改变了人们的阅读习惯，显得有新意，有一定的格调。

图5-22　一端对齐的文字排版

3. 居中排列

以中心轴为准，文字居中排列，左右两端字距相等，这种编排形式可令视线集中、中心突出，显得优雅、庄重、有个性，如图5-23所示。不足之处在于阅读不太方便，适宜文字不多的版面编排。将文字居中排列，用于网络广告中，有利于主题信息的传达。

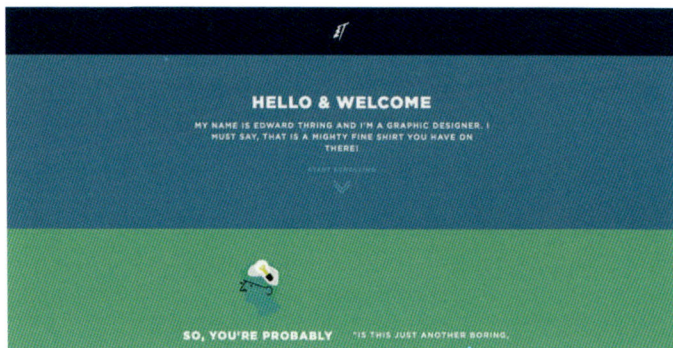

图5-23　居中对齐的文字排版

4. 图文混排

文字围绕图片边缘排列，给人以亲切、自然、生动和融洽的感觉，这种穿插排版方式应用非常广泛。图5-24所示的图文混排，在视觉效果上更具设计感和冲击力。

5. 自由编排

自由编排在形式上具有不确定性，是使版式更加自由、新颖的编排形式。倾斜和弯曲的文字有助于加强版面的活泼与动感，易于突出视觉焦点，如图5-25所示。

图5-24　图文混排的绕图排版

图5-25　自由编排的文字排版

练一练

①打开"作业素材/任务五/素材1"，选择文档中的文字，运用文字基本属性调整的知识，为其网站设计一个活动宣传页面。

②运用选择对齐方式的知识，为三星手机设计一个新产品上架的图片浏览页面。

学习评价

学习要点	我的评分	小组评分	教师评分
合理选择字体（40分）			
合理选择文字字号（30分）			
合理选择文字色彩（30分）			
总　　分			

学习任务六
网页字体设计

[学习目标]　①能说出字体设计的原则；
　　　　　　②能列举字体设计的方法；
　　　　　　③能绘制字体设计草图；
　　　　　　④能独立设计简单的字体。

[学习重点]　①字体设计方法；
　　　　　　②设计字体。

[学习课时]　6课时。

在进行网页视觉设计时，无论安装了多少字库，很多时候还是感觉找不到适合的字体，不能完全传达想要表现的创意，这时就需要进行字体设计。字体设计就是使原有的字形发生变化，产生新的造型，使原本呆板或表达不够明确的文字产生出强烈的感情色彩，从而达到加强信息传达的目的。由于字体设计的难度与复杂性，一般来说，只有网页中最重要和最明显的Logo、标题或主题文字才需要进行字体设计。

一、设计原则

字体设计是一项需要大胆想象，更要细心求证的严肃工作，为了达到艺术性与实用性的统一，字体设计应该遵循一定的原则。

1. 可视性原则

进行字体设计时，必须考虑文字的整体诉求效果，如图6-1和图6-2所示。不能单纯为追求视觉效果而随意变动字形结构、增减笔画，致使文字难以辨认。如果失去了文字的可视性，无论字形多么富于美感，这一设计无疑是失败的。

2. 统一性原则

文字设计重要的一点在于要服从表达主题的要求，形式与内容必须统一，不能相互脱离，更不能相互冲突。尤其在商品的文字设计上，一个商品品牌有其自身内涵，将它正确无误地传达给消费者，是字体设计的目的，否则设计就失去了意义。

图6-1　汉字字体设计

图6-2　英文字体设计

根据文字字体的特性和使用类型,文字的设计风格大约可以分为下列4种:

（1）秀丽柔美

字体优美清新,线条流畅,给人以秀丽柔美之感。如图6-3所示的字体设计,适用于女性化妆品、饰品、日常生活用品、服务业等主题的网页。

图6-3　柔美的字体设计

（2）简洁有力

字体造型规整,富于力度,给人以简洁爽朗的现代感,有较强的视觉冲击力。如图6-4所示的字体设计,适用于现代、科技,男性化等主题的网页。

图6-4　简洁的字体设计

（3）活泼有趣

字体造型生动活泼,有鲜明的节奏韵律感,色彩丰富明快,给人以生机盎然的感受。如图6-5所示的字体设计,适用于儿童用品、运动休闲、时尚产品等主题的网页。

图6-5　活泼的字体设计

（4）古朴典雅

字体饱含古时之风韵,能带给人们一种怀旧感觉。如图6-6所示的字体设计,适用于传统产品、传统艺术、古典风格等主题的网页。

图6-6　典雅的字体设计

3. 艺术性原则

文字作为视觉传达中的形象要素，必须具有视觉上的美感。强调节奏与韵律，创造出更富表现力和感染力的设计，把内容准确、鲜明地传达给用户，是字体设计的重要目标。优秀的字体设计既有传递信息的功效，又能达到视觉审美的目的，让人过目不忘，如图6-7所示。

图6-7　漂亮的字体设计

二、设计方法

基本笔形和字形结构是字体构成的本质因素，任何字体的形成、变化都体现于此。从这两个根本点出发，突出变化、实施创意，都可以从字体的本质构架上创造出新的字体形象。快速有效地设计出漂亮的字体，可以从不同的字体设计方法入手。

1. 统一形态

即在每一字的某一笔画中加入统一的形象元素，如图6-8所示。

图6-8　加入统一形象的字体设计

2. 笔形变化

采用拉长或缩短、加粗或变细，统一笔形变化方式，如图6-9所示。

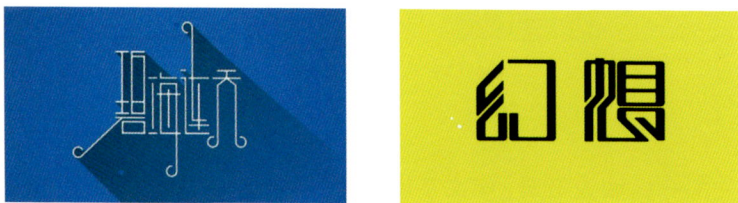

图6-9　笔形变化的字体设计

3. 加入图形

在文字中适当加入图形元素以丰富字体形态、加强信息传达，如图6-10所示。

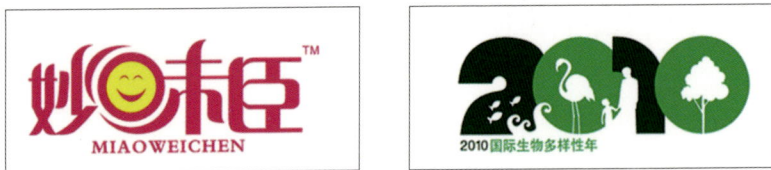

图6-10　加入图形元素可以丰富字体表现

4. 替换笔画

用与文字或内容相关的图形替换原有的笔画，如图6-11所示。

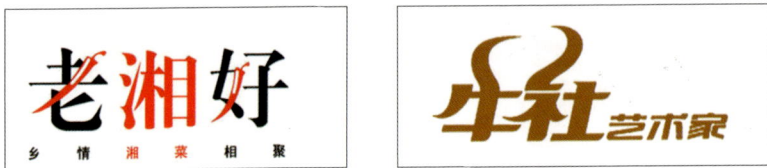

图6-11　图形替换笔画让字体更有韵味

5. 笔画共用

分析笔画的内在联系，借助笔画与笔画的共性巧妙组合。有时文字并不恰好合适，需要主动寻找出可以相互利用的笔画，或改变笔画的长短等方式来达到目的，如图6-12所示。

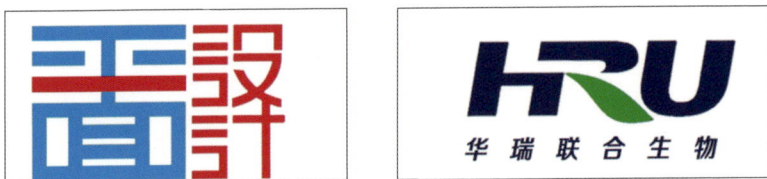

图6-12　笔画共用的字体设计

6. 笔画相连

字与字之间通过可塑性较强的笔画或笔画上的装饰，使之有机连接贯穿，使一组字变成一个整体，如图6-13所示。

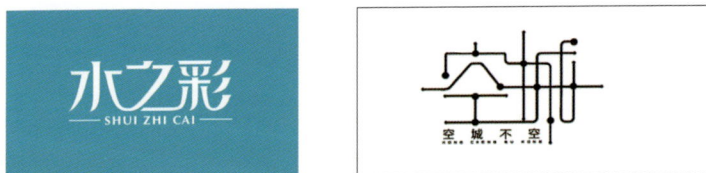

图6-13　笔画相连的字体设计

7. 删减

删减文字一部分区域或笔画，使文字出现缺损但又不破坏文字的可识别性，如图6-14所示。

图6-14　删减产生想象和残缺美

8. 重叠

可单字重叠，也可双字或多字重叠，目的是为了产生层次感，一般是后面的笔画覆盖前面的笔画，副笔画覆盖主笔画，或者相互重叠，如图6-15所示。

图6-15　重叠产生空间感的变化

9. 线条留白

在字体笔画里做缝隙效果，缝隙可以是空隙，也可以是有色线条，如图6-16所示。

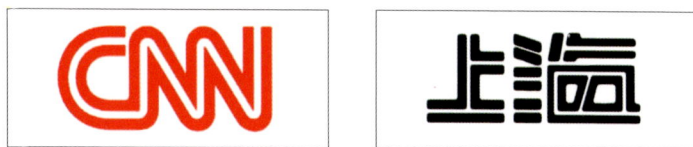
图6-16　线条留白的字体设计

10. 线条等分

用线条等分文字，产生虚实变化的动态效果，如图6-17所示。

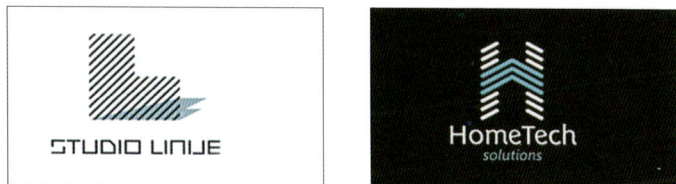
图6-17　线条等分的字体设计

11. 穿针引线

在文字中间加入一根直线或曲线，以打破呆板的效果，如图6-18所示。

图6-18　穿针引线的字体设计

12. 涟漪效果

从字体的边缘到字体内部添加多条线条，使文字产生水波纹的效果。添加的线条可以是等宽的也可以是渐变的，如图6-19所示。

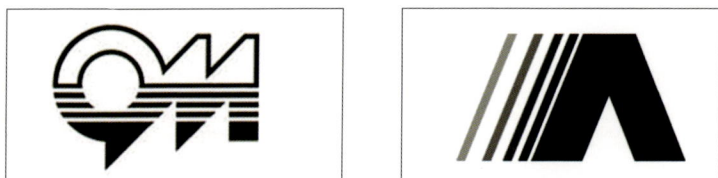

图6-19　涟漪效果的字体设计

13. 实心效果

只保留文字的外轮廓，中间笔画省略，如图6-20所示。设计时，一定要注意字的外形特征，如"国""团"等全包围结构的汉字不宜采用此设计方法。

图6-20　实心效果的字体设计

14. 背景设计

在文字的背景上添加与字体相关的图形，使文字更具视觉美感，如图6-21所示。

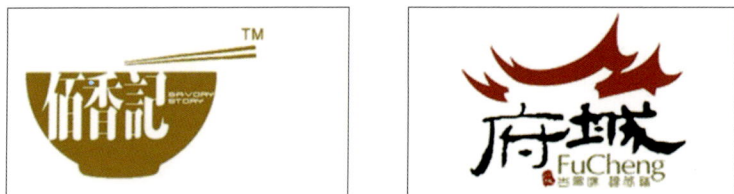

图6-21　背景设计加强字体的表现力

15. 突破外形

强调文字外形特征，使方者更方，圆者更圆，长者更长，特征更鲜明；也可以在外形角度上作斜形、弧形、波浪形、放射形等变化排列，如图6-22所示。

图6-22　突破外形的字体设计

16. 形状替换

用几何形替换文字的笔画，从而形成具有现代感的字体，如图6-23所示。

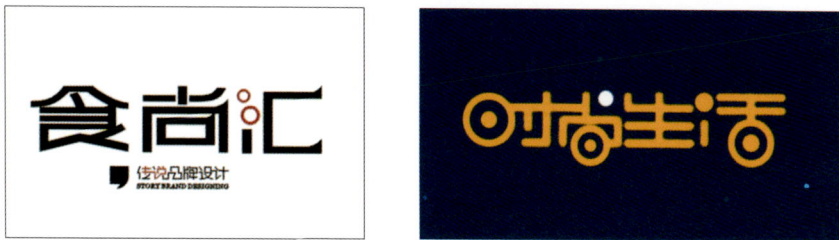

图6-23　形状替换的字体设计

17. 形状修饰

将几何形添加到文字的背景上衬托文字，如图6-24所示。外框的形状可以是圆形、方形，也可以是不规则形状，文字可突破外框也可以不突破外框。

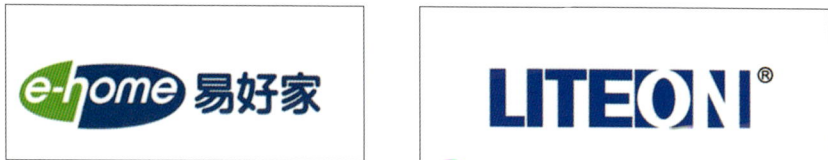

图6-24　形状修饰的字体设计

18. 立体效果

利用阴影或透视等方法表现出文字的立体效果，产生醒目突出的效果，如图6-25所示。

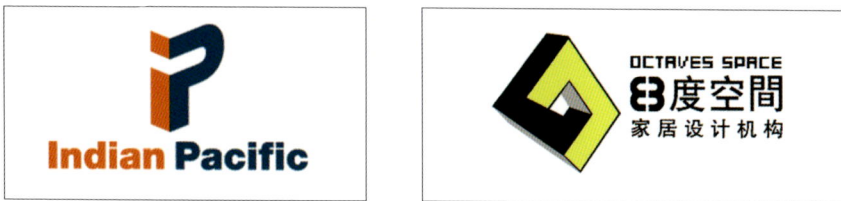

图6-25　强烈空间感的立体效果设计

字体设计的方法很多，各种字体设计方法既要相互结合又要相互补充，只有不断总结尝试，才会设计出更多新颖优秀的字体。

?　想一想

通过平时的观察和学习后的思考，你还能总结出哪些字体设计方法？

练一练

①用"背景设计"方法为"山水华庭"进行字体设计。

②用"加入图形"方法为"心随我动"进行字体设计。

③为"丝雨（si yu）家纺"进行字体设计，要求中文与拼音都要用到字体设计中。

学习评价

学习要点	我的评分	小组评分	教师评分
说出字体设计的原则（40分）			
列举字体设计的方法（30分）			
独立设计简单的字体（30分）			
总　分			

学习任务七
网页导航设计

导航能够有效展示网站架构,其功能是引导访问者便捷地浏览和查找信息。导航在网站中的地位举足轻重,导航设计要充分结合网站定位,选择合理的布局方式,适宜的设计风格,正确的设计原则,以做到导航与网页协调统一。良好的导航系统便于用户浏览更多的内容,提高信息获取效率,增加用户在网站停留的时间,并最终获得愉快的访问体验。

一、设计风格

导航是网页设计的重点,导航的设计甚至会影响整个网页设计的风格。下面欣赏一些优秀的网页导航设计,同时了解网页导航设计的常见风格和发展趋势。

1. 对话风格

导航中的文字一般简略、概要,但有时一两个关键字并不能起到完整传达信息的作用,甚至可能让人费解。对话风格就是对导航菜单进行简短的补充说明,从而让访问者对导航内容一目了然,如图7-1所示。

2. 圆角风格

圆角风格可以说是导航设计中的经典风格,不管圆角弧度的大小,其作用都是软化过于规整的矩形,使导航按钮更加圆润、流畅,更容易吸引用户点击,如图7-2所示。

图7-1　对话风格导航

图7-2　圆角风格导航

3. 图标风格

图标风格让导航界面更简洁、形象，精致的图标不仅能吸引眼球，还有助于用户进行视觉识别。由于图形不是信息传达的最好方式，所以选用易于识别、风格一致的图标，结合适当的文字设计，更加有利于信息传达，如图7-3所示。

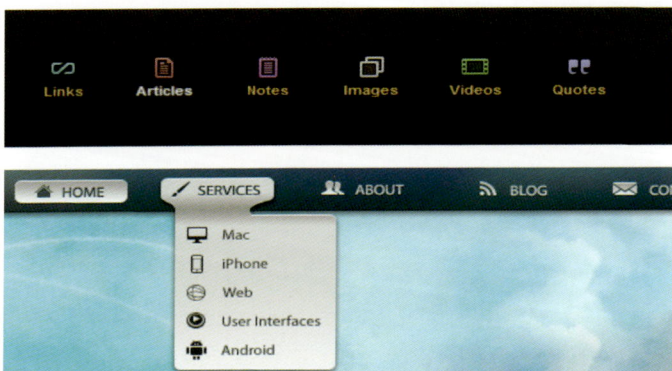

图7-3　图标风格导航

4. 标签风格

标签风格的导航显得更有趣味性，对用户有更积极的心理响应。标签导航可以设计成任何你想要的样式，真实的、有质感的标签，光滑的圆角标签、简洁的矩形标签都广泛应用于导航设计中，如图7-4所示。

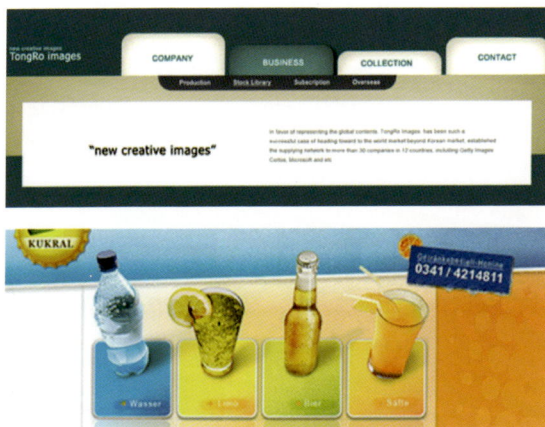

图7-4　标签风格导航

5. 气泡风格

把导航菜单设计成气泡形状，可以增加画面的趣味性和新鲜感，如图7-5所示。

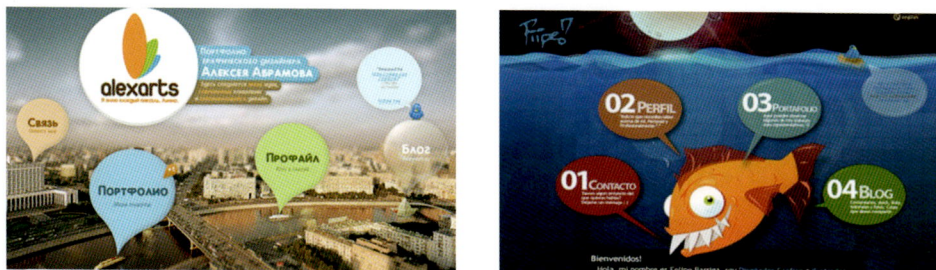

图7-5　气泡风格导航

6. 手绘风格

手绘风格的导航给人的第一感觉就是个性，相对于大多数导航而言，手绘导航更具艺术感和亲和力，如图7-6所示。但由于手绘风格的独特性，必须要考虑到它与整个网站风格的统一。

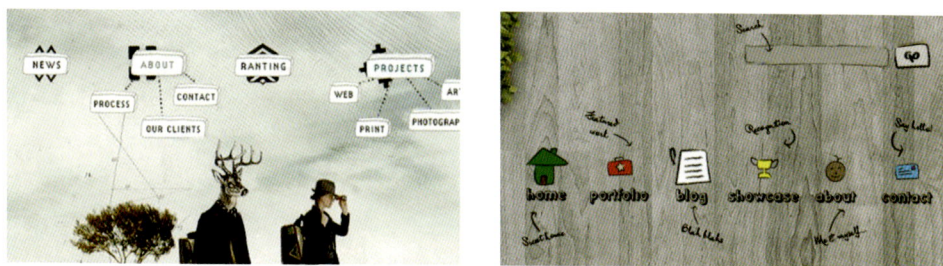

图7-6　手绘风格导航

7. 折叠风格

折叠风格一般设计为纵向导航，只有当指向或单击对应的图标时，才会展开一个递进式结构的导航，适合用来组织内容复杂的网站，给用户一个层次清晰的引导，如图7-7所示。

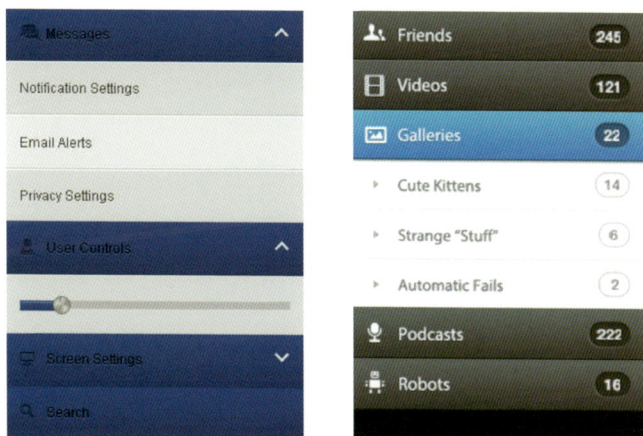

图7-7　折叠风格导航

? 想一想

导航设计风格还有很多,你还知道哪些导航设计风格?

8. 实验风格

导航设计的形式越来越多样化,很多完全不同于传统风格的新颖设计,为导航设计带来了新的思路。即使有些创意不一定最终成为好的设计,但敢于突破和创新才是设计的根源。图7-8所示的导航与传统风格的导航有很大的差异。

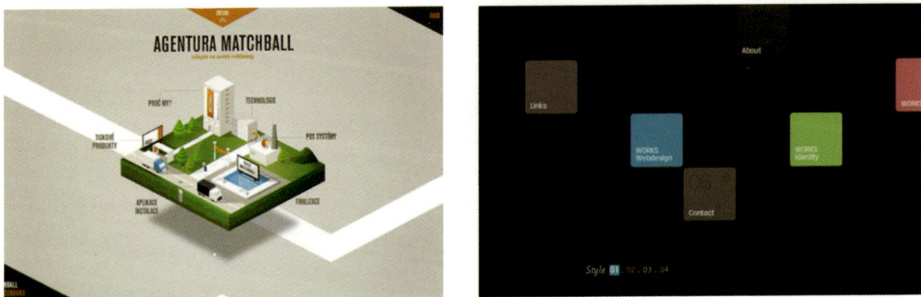

图7-8 实验风格导航

知识链接

导航从功能上划分为3种:全局导航、辅助导航和网站地图,如图7-9所示。

图7-9 导航功能完善的网站

(1)全局导航

全局导航又称主要导航,是对整个网站主要信息和功能的分类,应以相同样式在相同位置出现于所有页面中。

(2)辅助导航

辅助导航又称次要导航,是对某一栏目信息和功能的分类,应以相同样式在相同位置出现于所有该类页面中。

(3)网站地图

网站地图又称站点地图,是网站体系的结构图形表示,用于显示网站中最重要的层次和栏目的连接关系,如图7-10所示。很少有网站直接用网站地图作为主要导航使用。

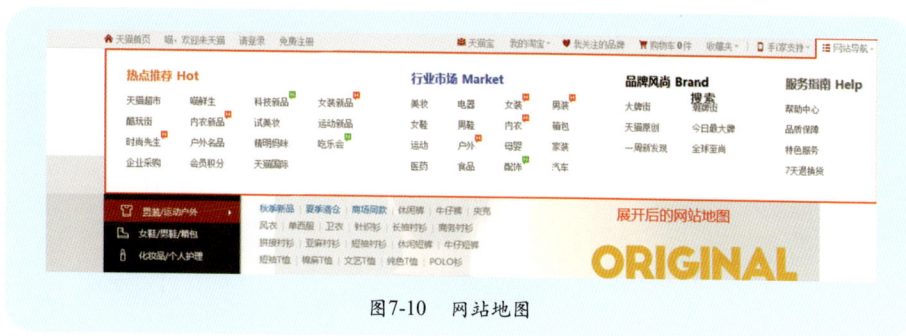

图7-10 网站地图

二、设计原则

导航既与网站整体结构相关，又与用户体验相连，优秀的导航设计层次清晰、方便易用。导航设计需要遵循相应的设计原则。

1. 扁平化

在结构组织上要遵循扁平化原则。导航是网站结构的呈现，结构越简单越好，层级越少越好，如图7-11所示。层次复杂、分类混乱的导航只会吓跑你的用户。

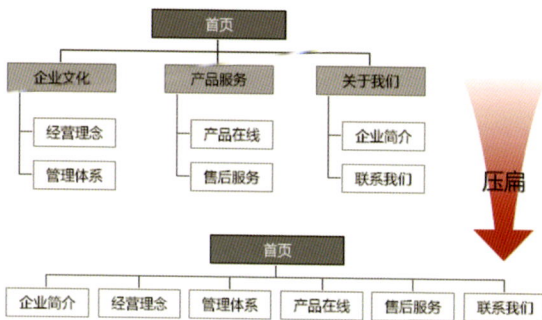

图7-11 结构扁平化

扁平化的基础在于网站信息分类合理、目标明确。无论哪种导航，设计之初就必须考虑结构的压缩，能简单就绝不复杂，尽量做到不出现多维纵深、多级层次的导航。

2. 易用性

在用户体验上要遵循易用性原则。导航设计在功能上要方便用户操作，要站在用户立场去设计，重视交互性与用户感受。实现导航的易用性要做到以下几点：

①易于发现。要让用户快速找到导航，其位置应该在接近顶部或页面左侧的区域，在视觉效果上要与页面其他元素有一定的区别，如图7-12所示。

图7-12 色彩的差异化让导航易于发现

②易于分辨。要让用户很容易分辨出全局导航、辅助导航、网站地图、热点链接、站内搜索等不同引导方式的区别，帮助用户更便捷地使用导航菜单，如图7-13所示。

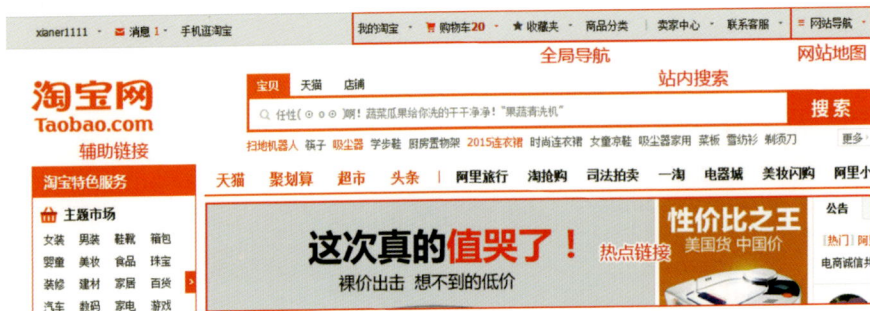

图7-13　不同功能的导航在设计上要有区别

③易于查找。合理的分类能让用户快速获取所需信息，通过导航引导，应该不超过3次点击就能找到目标，如图7-14所示。点击过多会让用户迷失方向，最终放弃浏览。

图7-14　分类明确的导航易于查找

④易于理解。导航文字要避免过于专业化和过于简略，语义要清晰、直接，导航图标要尽量简单易懂并与文字相结合，如图7-15所示。

图7-15　简略不得当的导航内容不易于理解

⑤易于判断。用户执行指向、点击等操作时，导航应有不同的响应方式。进入其他页面后，应有告知用户访问路径的"面包屑导航"，这些都是帮助用户加强判断的重要内容，如图7-16所示。

图7-16　用导航帮助用户加强网页浏览判断

⑥易于切换。用户需要切换到其他页面时，导航应该提供最便捷的方式。不能出现导航断头（无法回到首页和返回上一级）和断尾（无法打开下一级）的问题，如图7-17所示。

图7-17　导航菜单不完善不易于切换

⑦易于搜索。如图7-18所示，在导航中使用文本，有利于搜索引擎对网站关键字或重要信息的提取，方便用户通过搜索引擎搜索到该网站。搜索引擎对按钮和图片的识别度较低，不利于网站的推广。

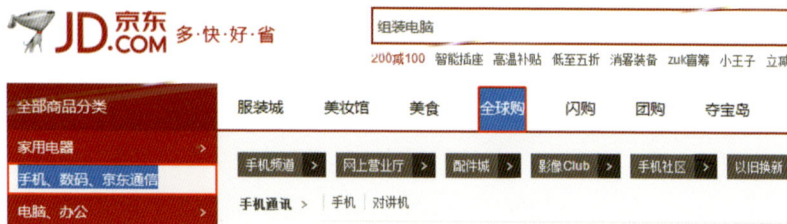

图7-18　导航尽量使用文本易于网站推广

3. 简洁性

"简洁就是美"的设计理念对于导航设计尤为适合，简约的设计能给人以轻松的视觉感受和快捷的操作体验，更好地突出导航设计的功能，如图7-19所示。

图7-19　简洁的导航设计

如果不是追求艺术性或试验性的特殊网站，无论设计者的表达方式多么新颖、多有创意，都不应该让导航变得难以理解。如图7-20所示的导航可能让用户不知道该如何浏览本网站。

图7-20 难以理解的导航设计

运用有限的元素和色彩设计出合理的导航，才是更加优秀的设计。经过思考和推敲，最终画下一根细细的线条，其效果也许比涂满了色彩和组合了数十个分层的画面更好。图7-21所示的导航结构复杂、元素众多，可能让网页制作人员和用户无所适从。

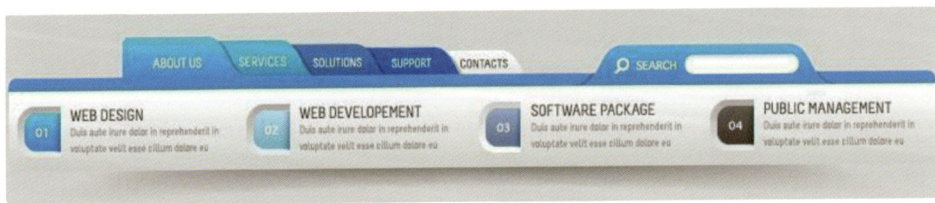

图7-21 复杂的导航设计

! 友情提示

网页导航的最佳方式是采用文本链接，不少网站为了表现炫酷风格，在导航上大做文章，往往弊大于利。以下是导航设计中需要注意的问题：

①少使用Flash技术，它或许很酷，但相对固定和静止的导航才是用户喜欢的。

②少使用自认为很酷的方式，例如把导航藏起来，只有当鼠标指向时才会出现。

③切忌导航没有文字，图片和Flash可能更炫目，但对导航易用性没有任何好处。

••• 知识链接

用户对横排段落与横向导航有着不一样的阅读方式，对横排段落习惯从左到右按顺序阅读，对横向导航往往进行跳跃式阅读，那就意味着在横向导航中，最后一个元素会有一个小的跃升。所以，有经验的设计者会把最重要的项目放在横向导航的第一位，而次要项目放在横向导航的最后一位，其他项目从第二位依次排列开。纵向导航中重要性由上至下逐渐降低，如图7-22所示。

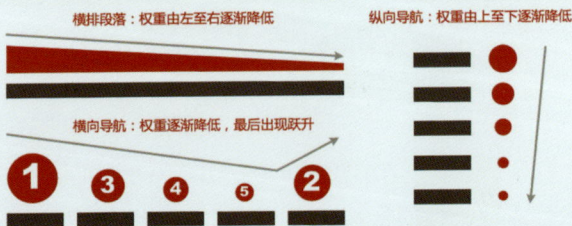

图7-22 横向导航与纵向导航的阅读差异

三、设计思路

导航设计能运用的设计元素不多，传统导航的形象虽然千差万别，但其内在形式差异并不大，个性化导航虽然有更多的变化，但在大部分网站中并不实用。就视觉设计而言，解放想象力，让创意迸发出来，大胆地去尝试，努力在导航的艺术性和实用性之间达到平衡，如图7-23所示。

图7-23　让人印象深刻的导航设计

现在以设计汽车品牌官方网站主导航为例，看看如何把对导航的各种思考转化为视觉形象。

汽车网站应该展现出低调奢华的感觉，导航应与网站整体色调保持一致，所以选择使用商务网站常用的灰色系为主色调。设想网页布局为拐角型，所以导航的方向上选择纵向导航。同时希望导航不要过于凌乱，所以选择折叠式导航，在不点击导航的情况下，只看到一级导航。

首先根据导航内容的多少确定导航的宽度和形状，如图7-24所示。

导航文字要有主次之分，在字体、字号、颜色及位置等方面要体现出不同层级的差异性，这样才能让导航在视觉关系上清晰明确。添加导航上的文字，如图7-25所示。

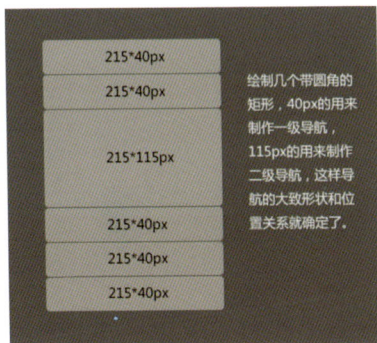

图7-24　设置导航大小

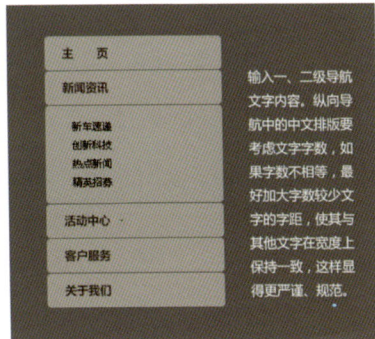

图7-25　调整导航文字

为使导航更有质感，一级导航使用浅灰色渐变并添加边缘高光，这样就让每一个导航板块突显出来；橙黄色渐变为鼠标指向时的色彩变化，而且它是导航唯一的高饱和度色彩，让整体色调有了亮点；二级导航要与一级导航有明显的差异，所以选择了深灰色；文字颜色要避免与背景对比过于强烈，一般不直接使用黑色与白色，所以选择了深灰色与浅灰色，如图7-26所示。

现在导航的基本轮廓已经成形，但还缺少细节。作为折叠式导航，应该要有明确的标志，所以加上小三角形以示导航的展开或折叠；再为一级导航添加图标，让导航视觉效果更丰满，但图标不能比文字更吸引眼球，所以降低了图标与背景的对比度，如图7-27所示。

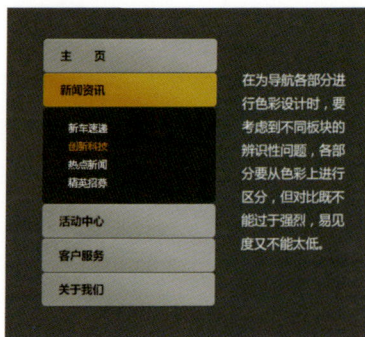
图7-26 搭配导航色彩

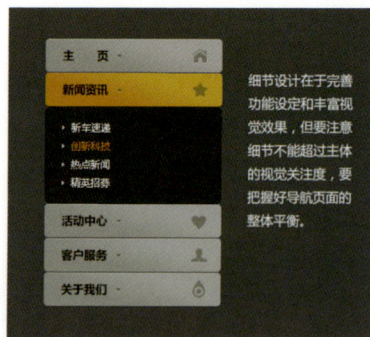
图7-27 添加导航细节

　　导航设计要求设计者在有限的空间内做到功能性与艺术性的统一，对设计元素的精确运用提出了更高的要求。

练一练

①根据所学知识，绘制一个电子商务网站扁平化结构简图。
②展开你的想象力，设计一个风格大胆，艺术感强烈的个性化导航。

学习评价

学习要点	我的评分	小组评分	教师评分
识别网页导航的风格（30分）			
记住网页导航设计原则（30分）			
完成网页导航设计（40分）			
总　分			

学习任务八
网页Banner设计

[学习目标] ①能说出网页Banner的作用；
②能识别网页Banner的样式；
③能说出网页Banner设计原则；
④能完成网页Banner设计。

[学习重点] ①识别Banner类别；
②Banner设计原则。

[学习课时] 10课时。

Banner是网页中最具视觉吸引力的元素，主要表现特定内容的主题情感。设计Banner时要精心构建关键词、充分表达主题意旨，要考虑与网页布局、视觉层次、色彩方案的协调，也要注意与网站整体风格的统一。

一、设计欣赏

网页Banner按不同分类方式有不同的分类结果，通过认识不同的Banner设计，让我们逐步走进这个网页中最具视觉效果的元素。

1. 动态Banner与静态Banner

动态Banner主要追求动态视觉效果的呈现，多由Flash动画、Gif动画或通过Html、Java代码实现，如图8-1所示。随着Html5的广泛运用，通过代码实现动态效果已成为一种趋势。

图8-1 动态Banner展开过程中的效果

静态Banner主要追求视觉效果的艺术性与信息传达的准确性，是最为常见的Banner呈现方式，多采用Photoshop软件设计，文件一般为jpg、gif和png格式，如图8-2所示。

图8-2　静态Banner的版式设计

> **友情提示**
>
> 动态形象容易引起注意，能加强瞬间记忆，但形式往往为强迫性的，易产生负面效果。稳定的画面虽不易引发特别关注，但优秀的设计同样可让记忆持久和牢固。

2. 形象展示与产品营销

形象展示类Banner常见于企业、政府机构、事业单位和个人网站，主要作用是塑造形象、树立品牌、展现实力、展示产品。多选用具有正能量的象征性形象，以符合宣传主体的气质和内涵，如图8-3所示。

图8-3　形象展示类Banner

产品营销类Banner 的核心使命是吸引用户关注，以获取点击量。主要作用是进行商业宣传、产品推广、活动召集等，从而引发用户浏览，促进其参与或消费，如图8-4所示。

图8-4　产品营销类Banner

3. 标准式与自由式

网页Banner的大小不完全是随意的，对于网络运营商来说，不同尺寸的Banner对应不同的价格。虽然国际上有以"美国互联网广告联合会"（IAB）和"美国报业协会"（NAA）为规范的网络Banner尺寸标准，但实际上不同的网站都会有自己的一套标准，如图8-5所示。

图8-5　淘宝网490px×170px标准规格Banner

政府机关、事业单位、个人网站和企业网站多根据自己网站的实际需要设定网页Banner大小，尺寸灵活，如图8-6所示。

图8-6　游戏网站尺寸灵活的Banner

二、设计原则

网页Banner与传统广告不同，首先是Banner尺寸有限，很难呈现太多信息；其次是Banner有快速引发关注并吸引点击的需求，隐晦和含蓄的创意对于Banner设计是不合适的。

1. 明确主题

Banner设计一定要紧扣宣传主题，让用户马上就能明白要表达的信息。所以要减少画面中的干扰元素，突出重点，如图8-7所示。内容切忌过多、过细，往往什么都想说，反而什么都没说好，如图8-8所示。

图8-7　主题鲜明，重点突出

图8-8 主题分散，重点模糊

2. 突出文字

Banner最重要的是信息传达的直观和准确，设计时要在文字表现力上下功夫。是提升企业形象还是展示企业实力？是主打"超低折扣"还是突显"限时特供"？图8-9中的文字清晰地表达了设计意图。无论哪种类型的Banner，如果不加文字说明，都会给用户的理解造成困扰，如图8-10所示。

图8-9 文字信息明确

图8-10 文字信息缺失

3. 符合习惯

用户习惯沿从左至右、从上至下的顺序阅读，Banner内容在排版时要符合人们的阅读习惯，如图8-11所示。

图8-11 从左至右的阅读顺序

图片比文字更具吸引力，可以考虑放在Banner的左边；文字要区分主要信息与次要信息，但信息不要过于分散，可以从其大小、位置、色彩、样式等方面加以修饰；最后加入吸引点击的方式，如"点击进入"等，如图8-12所示。

图8-12　常见Banner元素的排版设计

如图8-13所示的画面分布过于平均，没有主次之分，阅读顺序混乱。

图8-13　阅读顺序混乱的Banner结构

如图8-14所示的排版方式比较符合用户的阅读和浏览习惯。

图8-14　符合用户浏览习惯的Banner

4. 注重效率

用户浏览网页时不会太有耐心，注意力一般只有几秒，Banner中的主要信息一定要让用户在最短时间内产生点击欲望，从而有效引导访问，如图8-15所示。优秀的创意、精良的配图、精彩的文字都能让Banner成为视觉焦点，而如图8-16所示的Banner主题表达不明确，很难让用户在短时间内抓住画面的重点。

图8-15　优秀的创意能快速吸引注意力

图8-16　主题内容不易理解

5. 注意留白

"留白"是一门艺术,适当留白,可以使图形和文字有呼吸的空间,也让访问者有想象的空间,如图8-17所示。很多设计者害怕画面太空,不停用设计元素填补画面空隙,反而让画面杂乱拥挤,如图8-18所示。

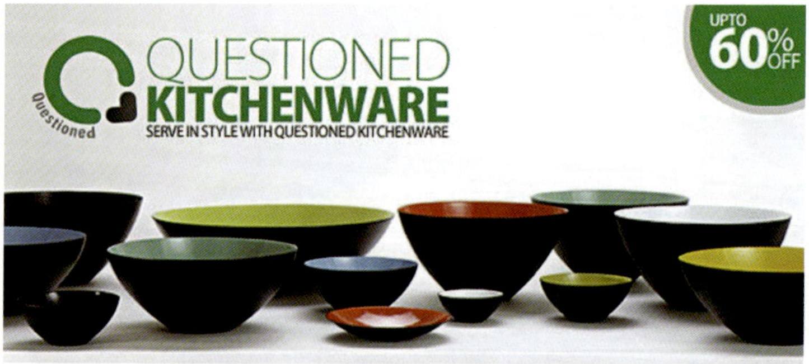

图8-17　留白的艺术,显得清爽透气

图8-18　简单的罗列,显得杂乱拥挤

～ 试一试

试着找出符合书中提到的五大设计原则的Banner设计。

三、设计元素

与导航设计相比,Banner设计要考虑的设计元素更多,包括以下几个内容:

1. 版式

版式设计是指设计者根据设计主题和视觉需求，运用造型要素和形式原则，根据内容需要，将色彩、文字及图像等视觉要素进行有组织、有目的的组合排列的行为与过程。图8-19至图8-23展示了常用的Banner版式，设计时可以直接套用。

图8-19　两栏式：左图右文或左文右图

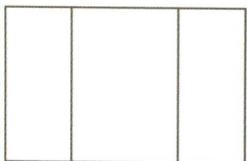

图8-20　三栏式：中间文字，左右图片

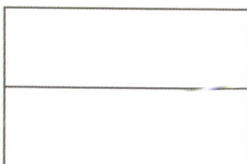

图8-21　上下式：上方文字，下方图片

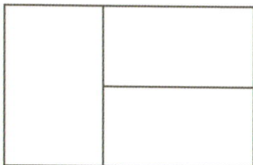

图8-22　组合式：大图+文字+小图

图8-23　纯文字式：背景+文字

2. 色彩

色彩是吸引注意的第一要素，纯净清爽的色彩让人心情舒适，如图8-24所示。图8-25中太过鲜艳的色彩虽然能够吸引访问者眼球，但也可能让人反感。

图8-24 纯净清爽的色彩让人心情舒适

图8-25 过于鲜艳的色彩会让人视觉疲劳

! 友情提示

Banner中，色彩的运用要注意以下几点：
①色彩不要过于刺激（有些网站禁止使用大红色的Banner）。
②色彩种类不能太多，且要有主次之分。
③多用纯色，少用渐变色。
④整体色调不要过亮或过暗。

3. 图片

没有图片的Banner会显得较为乏味，优秀的图片设计能为Banner带来更好的视觉效果。Banner中使用图片应该注意以下几点：

①让图片易于发现。图片能被访问者发现才能起到作用，在访问者还不知道Banner内容是否有吸引力和创意是否精彩的时候，如何才能让图片更容易被发现呢？图8-26—图8-28列举了让图片易于被发现的3种方式。

图8-26 明度差异越大越易被发现

图8-27 色相差异越大越易被发现

图8-28 饱和度越高越易被发现

②让图片变得简单。图片的内容要简单，复杂的内容会降低访问者视线的注意力，图片越简单注意力越集中，如图8-29所示。把重点内容进行呈现是图片处理的重要工作，有时候局部图片比整体图片更有效果，如图8-30所示。

图8-29 图片越简单注意力越集中

图8-30 局部可能比整体更耐看

③让图片更有层次。让图片孤零零地出现会显得过于单薄，多层次的图片会让画面看上去更有内涵。图8-31至图8-33所示的图片，通过对前景、背景的不同处理，让图片呈现出更加丰富的效果。

④让图片更有创意。好的创意不但能让图片看上去更有吸引力，而且还能在欣赏以后有持久的印象，如图8-34所示。创意图片的设计不是一蹴而就的，它需要生活的积累和丰富的想象。

图8-31　高斯模糊处理背景，让前景更加突出

图8-32　背景整体叠加与局部叠加

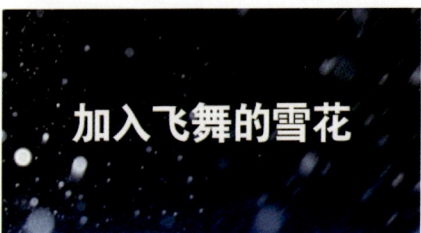

图8-33　加入图形元素营造画面氛围

图8-34　优秀的创意Banner

！友情提示

Banner中图片的运用要注意以下几点：
①图片要清晰，不要采用噪点过多、无层次感和过于模糊的图片。
②图片内容要保持1：1的比例，严禁出现比例失调的图片。
③图片内容要跟Banner主题统一，不要出现与整体毫无关联的图片。

4. 文字

Banner文字一般由广告语或主题性文字加上正文组成，广告语要精练简洁，正文清晰明确。语言表达上要使用能够引起好奇和兴趣的词语，如"免费""打折""抢购"等看来俗气的词语对于Banner却是最有效的，如图8-35所示。

图8-35　广告语要有吸引力

Banner中的字体种类一般不超过3种，多用无衬线字体和粗字体，如图8-36所示。

图8-36　多用无衬线字体和粗字体

图8-37~图8-40列举了Banner文字设计的一些常用方法。

（1）排列组合的变化

图8-37　文字排列组合变化

（2）大小和颜色的变化

图8-38　文字大小和颜色的变化

（3）不同字体的混搭

图8-39　不同字体的混搭

（4）中英文字体的混搭

图8-40　中英文字体的混搭

四、设计思路

某网络媒体需要设计一个网页Banner，用于征集"移动UI设计"方案，尺寸要求490px×190px。我们以设计此Banner为例，看看如何把对Banner的各种思考转化为视觉形象。

在Banner中通过展示移动UI设计表达主题，同时表现从桌面系统到移动平台的发展方向。征集活动是一个热烈且充满竞争的活动，色彩关系上拟采用橙色为主的暖色调。版式上考虑到Banner的大小和表达的内容，准备采用"上下式"结构。

为让画面更简洁，背景使用单一的橙色；设计中采用显示器形象代表传统的桌面系统，如图8-41和图8-42所示。

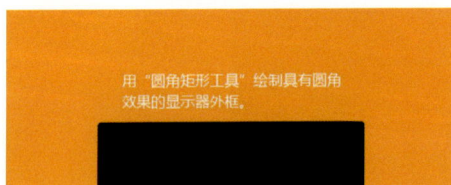

图8-41　用黑色做显示器外框

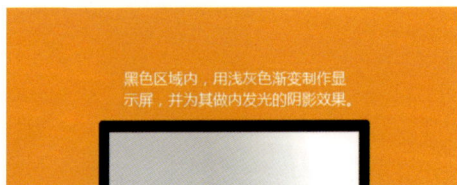

图8-42　浅灰色做显示屏

为完成Banner中的图片创意，在显示器上叠加手机图片和手机UI设计图片，为使各图层有层次感，试着添加"阴影"效果，如图8-43和图8-44所示。

图8-43 加入手机图片

图8-44 加入手机UI图片

根据主题要求，广告语主要体现邀请参加征集活动，如"就等你啦""大显身手"等，文字不宜过多，将信息传达清楚就行，更多详细内容在单击Banner后的链接页面介绍，如图8-45和图8-46所示。

图8-45 加入文字信息

图8-46 加入辅助文字元素

主体设计基本完成，但总觉得画面不够饱满，最后加入一些细节元素丰富视觉效果，如图8-47和图8-48所示。

图8-47 加入底纹和高光

图8-48 加入纸片和按钮

Banner空间有限，元素众多，在有限的空间内做好各种元素的平衡和协调非常重要，能设计好Banner，你就会发现设计其他栏目和页面也会越来越得心应手。

友情提示

Banner不是网页组成的必需元素，是否设计Banner按实际需求确定。

练一练

①运用书中"让图片更有层次"的知识，设计一个两栏式Banner。

②运用色彩搭配的知识，设计一个让人舒适的单色Banner。

学习评价

学习要点	我的评分	小组评分	教师评分
说出网页Banner的作用（20分）			
识别网页Banner的样式（20分）			
说出网页Banner设计原则（20分）			
完成网页Banner设计（40分）			
总　分			

实 践 篇

[综　　述]

本篇以建设瀚海职业技术学院示范专题网站为例,引导读者熟悉网站建设的整体流程,掌握网站建设规划的内容与方法。本篇着重阐述了瀚海职业技术学院示范专题网站首页、二级页面、三级页面的设计方法与过程,进一步帮助读者形成在设计规划书指导下完成网页设计的能力。

[培养目标]

①能开展网站建设前期规划工作;

②能制定网站建设规划书;

③能根据规划书完成网站首页设计;

④能根据规划书完成网站二级页面设计;

⑤能根据规划书完成网站三级页面设计。

[学习手段]

自主学习,小组合作,课堂探究,课外拓展。

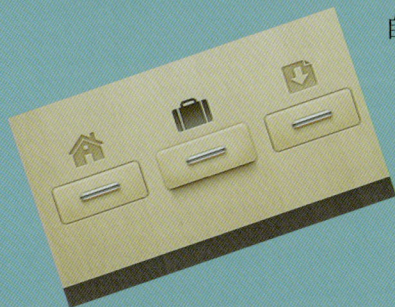

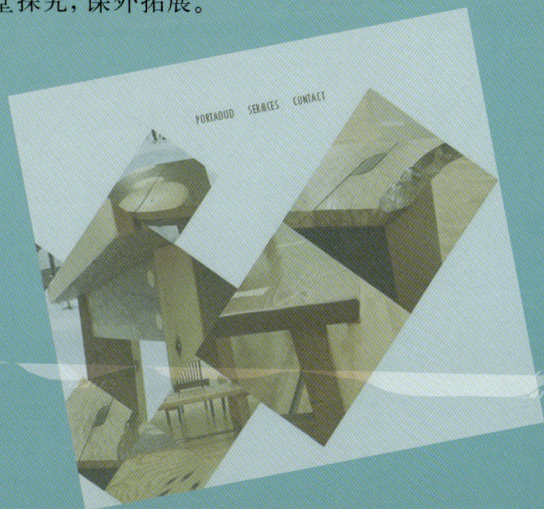

学习任务九
网站建设规划

> [学习目标] ①能列举网站建设规划的主要任务；
> ②能识读网站建设规划书；
> ③能开展网站建设规划工作；
> ④能制定网站建设规划书。
>
> [学习重点] ①网站设计规划；
> ②制定网站建设规划书。
>
> [学习课时] 2课时。

　　网站建设通常包括前期规划、视觉设计、网页制作、宣传推广、运行维护等环节。在实施前，通常要进行网站建设规划。网站建设规划也称为网站策划，是在网站建设前期，通过与客户沟通，明确网站建设的目的、功能和内容，并根据需要对网站建设的各环节做出规划。网站建设规划对网站建设起到计划和指导的作用，对网站的内容和维护起到定位作用。下面让我们一起来完成瀚海职业技术学院示范专题网站的规划。

一、前期规划

1. 建设目的

　　很多客户在网站建设之前，对建立网站的目的并不是很明确，对自己的需求也不是很清楚，需要专业人员不断引导和帮助分析。专业人员通过与客户充分沟通，仔细分析，挖掘出客户潜在的、真正的需求，明确网站建设目的。

　　瀚海职业技术学院作为国家职业教育改革发展示范学校建设计划单位，建设学校示范专题网站的主要目的是发布项目建设动态、展示项目建设成果。

2. 建设内容

　　明确建立网站的目的后，根据需要和计划，确定网站的内容。网站建设的内容通常以模块、栏目或专题方式呈现。

根据示范校建设方案及相关文件要求，瀚海职业技术学院示范专题网站最终确定包括新闻中心、通知公告、重点专业、特色项目、图片新闻、示范简报、政策文件、理论探索、成果展示、示范辐射、在线视频、资源下载、友情链接等栏目。分为首页、二级页、三级页3个层次。

3. 建设功能

明确网站的内容后，需要进一步梳理各模块或栏目的功能。网站功能分为显性功能和隐性功能，显性功能在设计阶段就要在效果图上体现出来，如搜索功能；隐性功能通常在浏览网页时才能体现。

根据示范专题网建设的内容，为便于展示和方便用户操作，列举网站部分功能如下：

①首页能够链接到学校门户网站；

②对标题、作者等关键字提供搜索；

③重点专业、特色项目按机构呈现，可按机构、分部门浏览新闻；

④新闻栏目支持注册或匿名用户撰写评论，评论在新页面显示；

⑤对点击率作防刷新控制；

⑥视频支持在线播放、可拖动进度条，支持全屏；

⑦对所有访问IP做记录，对所有下载行为做记录；

⑧示范简报、成果展示等栏目采用类似百度文库方式呈现。

> **友情提示**
>
> 前期规划完成后，应该拟订一份详细、完整的需求说明书，与客户反复沟通、修改，直至客户签字认可，方能进入下一步工作。

二、设计规划

网页设计规划主要是根据需求说明书，对网站风格、网页布局、色彩运用、文字编排等内容进行规划，明确网页视觉设计要求，帮助网页美工设计人员制作效果图。

1. 网页尺寸

网页尺寸受限于两个因素：一是显示器分辨率，二是浏览器的页面区域。网页一般不允许出现水平滚动条，而在高度方向通常没有限制，可以出现垂直滚动条。

虽然高分辨率的显示器越来越多，但大部分网页都沿用1024px×768px分辨率来设定网页的宽度，原因主要有两个方面：一是网页要适应大多数人都能正常浏览，1024px×768px分辨率的显示器依然大量存在；二是人在眼睛不转动的情况下要清晰地观察整个网页，900px几乎是人眼的极限，人眼对整个页面的关注度不可能无限扩展，再宽就没有意义，如图9-1所示。所以即使大屏幕显示器已非常普及，但大多数的网页还是采用适应1024px分辨率显示器的设定。

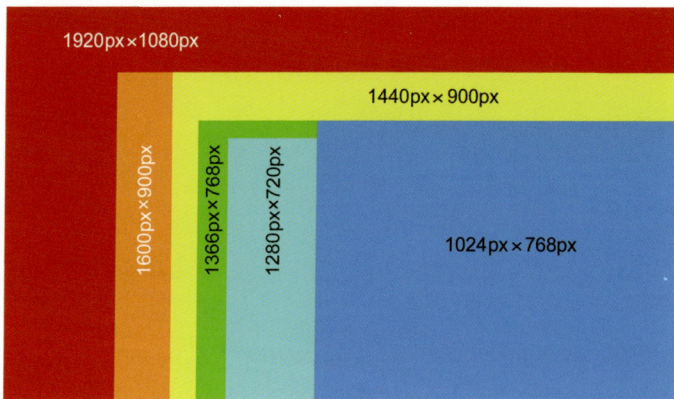

图9-1　不同分辨率显示区域

虽然瀚海职业技术学院主要使用1440px×900px的宽屏显示器，但网站建设的目的是为了展示和宣传，显然网站的主要功能是满足对外需求，所以最终确定依据1024px×768px分辨率制作，网页宽度为960px，自动居中，左右等量扩展，高度不限。

> **友情提示**
>
> 在不考虑浏览器特殊设置的情况下，1024px×768px分辨率下网页满屏大小为1001px×645px，而通常网页都不会采用满屏设计，将网页宽度设为960px或950px可以说是行业标准。

2. 网站风格

风格是抽象的，是站点的整体形象给浏览者的综合感受，网站风格的确立主要来源于网站的定位，同时也要考虑主要目标访问群体的分布地域、年龄阶层、网络速度和阅读习惯等，同一个网站中，版面布局、色彩、字体、浏览方式等都应统一风格，贯穿全站。

瀚海职业技术学院的网站属于文化教育类网站，其门户网站首页如图9-2所示，总体风格显得严谨、规范、稳重、平实，示范专题网站主体风格应与学校门户网站一致。

图9-2　瀚海职业技术学院门户网站

3. 网页布局

浏览网页时，用户通常习惯按照从上到下、从左到右的顺序阅读，网页的视觉影响力上方强于下方，左侧强于右侧，所以网页的上部和中上部通常用于摆放突出或推荐的信息。网页设计师在规划网页的布局时，特别是网站的首页，一定要把客户最需要呈现的内容放在关键位置。

示范专题网站是发布建设动态、展示建设成果的专用平台，内容繁多，结构复杂。纵向导航会占据页面的重要位置，不利于栏目排版和后续设计的展开，最终决定采用横向导航条，每页都可切换到首页或其他栏目，布局方式采用学校网站常用的"国"字形布局，如图9-3所示。

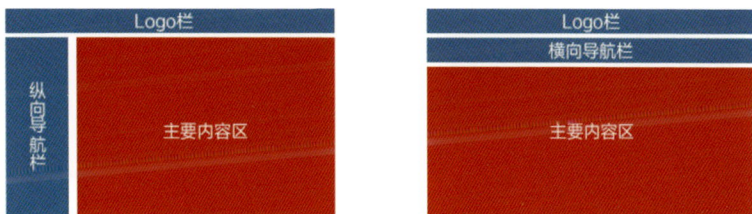

图9-3　横向导航布局比纵向导航布局有更多的利用空间

4. 网站Logo

Logo最重要的就是用图形化的方式传递网站的定位和理念，同时便于人们识别。网站Logo通常源于网站所属主体的标志，也可以根据网站的需要重新设计。无论使用原Logo或者重新设计，都需要考虑Logo的位置、大小、色彩等因素，要与整个网站的风格保持一致。

图9-4为瀚海职业技术学院标志，校方要求根据学校标志的内涵和色彩关系，结合学校办学理念与特色，重新设计示范专题网站Logo。

图9-4　瀚海职业技术学院标志

5. 网站配色

网页配色尽量控制在3种色彩以内，以避免网页花、乱、俗。单一色彩的网站通常是先选定一种颜色，然后通过调整透明度或者饱和度来产生新的色彩，让页面看起来色彩统一又有层次感。两种色彩的网站先选定一种颜色，然后选择它的对比色再进行微小的调整，整个页面色彩丰富但不花哨。

瀚海职业技术学院示范专题网的主要色彩源于学校标志中的标准色，如图9-5所示。主色调的蓝色用于网站大标题和栏目；红色主要作为辅助色和点睛色使用，比如标志、标注及鼠标指向区域的响应色等；白色是整个网站的背景色，也是深色背景区域的反衬色；网站文字使用深灰色，弱化处理的文字和线条使用浅灰色。

| R0 G120 B172 | R210 G0 B0 | R255 G255 B255 |
| 主色调 | 辅助色或点睛色 | 背景色 |

图9-5　网站主要色彩搭配

6. 文字编排

文字是网页中运用最多的元素，字体、字号、间距、颜色的选择在网页设计中显得至关重要。如果将个别文字作为页面的诉求重点，一是可以通过加粗、加下画线、加大字号、加指示性符号、倾斜字体、改变字体颜色等手段有意识地强化文字的视觉效果，使其在页面整体中显得出众而夺目；二是将文字用图片的形式来表现，会让文字表现得更加突出，在美化页面的同时，进一步加强了视觉效果。

示范专题网中不同层级文字要用不同属性显示，栏目文字选用粗体方式呈现，一、二级标题要有所区别，正文内容统一首行缩进2字符，1.5倍行距。

三、制作规划

网页制作的依据是需求说明书和网页效果图，除了考虑时间、人力、物力等因素外，制作规划主要对网站开发期间使用的软硬件环境、技术手段、规则和标准等进行描述，制定实现网页效果图中展示内容将采用的技术实施方案，同时包括网站的链接结构、交互性、用户友好性等设计，如果有数据库，还需进行数据库的概念设计。

瀚海职业技术学院示范专题网站在开发期间由开发方自行搭建开发环境，网站最终在Windows Server 2008 R2、SQL Server 2008、.NET Framework 4.0环境下运行，对服务器硬件无特殊要求，存储空间要求在10GB以上。

四、推广规划

推广规划主要对后期网站推广拟采用的技术或营销手段进行描述。在网页里设置META标签、交换友情链接、搜索网站注册、使用付费广告、论坛发帖等都是常用的推广手段。当然，建立一个视觉美观、内容丰富、方便实用的网站，才是吸引用户的最好办法。

瀚海职业技术学院示范专题网站推广由学校自行负责，采用与其他院校交换友情链接，使用门户网站宣传等方式进行推广。开发方不负责网站推广具体工作，但在网页制作时应尽可能采用方便搜索引擎扫描的技术手段，便于搜索引擎抓取网站数据，吸引其他用户浏览。

五、运维规划

网站成功推出后，长期的维护工作才开始。运行维护规划主要对网站运行及维护过程中可能出现的问题及包含的工作进行描述。如硬件维护、网络安全、数据更新、客户响应、访问统计、流量分析、数据备份、漏洞分析、升级改造等都是网站后期运行维护的主要工作。

通过与校方沟通，最后确定由开发方免费提供网站发布的空间和域名，负责网站数据初始化，免费维护一年。由校方负责网站内容的更新。

友情提示

网站建设的流程并不是绝对的，因为人员构成或分工的原因，可能多项工作由同一人完成，也会出现多个任务同时进行的情况，并没有绝对的先后顺序。

知识链接

打开网页视觉设计资源文件夹，阅读"瀚海职业技术学院示范专题网站建设规划书"。

练一练

学校门户网站计划改版，收集师生意见，根据调研结果，拟订新门户网站的简要建设规划书。

学习评价

学习要点	我的评分	小组评分	教师评分
明确网站建设规划的主要任务（20分）			
识读网站建设规划书（20分）			
开展网站建设规划工作（30分）			
制定网站建设规划书（30分）			
总　分			

学习任务十
网站首页设计

>>>>>>>>>

[学习目标] ①能根据规划书确立网站风格；
②能设计制作网站Logo；
③能完成网页Banner设计；
④能制定合理的网站结构图。

[学习重点] ①确立网站风格；
②制定网站配色方案。

[学习课时] 10课时。

　　网站建设成功与否，首页给用户的第一印象至关重要，首页视觉设计决定了网站建设的成败。内容丰富、结构合理、色彩协调、布局规范、访问快捷的首页是吸引浏览者继续停留的重要因素，网站首页设计也是其他页面设计的重要参考和依据。

　　根据《瀚海职业技术学院示范专题网建设规划书》中的"设计规划"，结合建设目的、内容和功能，让我们开始示范专题网首页的设计工作。

一、布局

　　示范专题网首页要求采用"国"字形布局，使用横向导航条。虽然明确了布局要求，但具体需要设计的项目还很多，为了做到心中有数，一般来说设计者会在设计之初绘制设计草图。草图主要是让设计者记录设计环节，也可用于设计初始阶段给客户展示可视化效果，草图可简、可繁，根据设计者需求而定。

　　根据示范专题网站设计规划，首先绘出首页的草图，如图10-1所示，该草图大致呈现了设计者的思路，同时也标明了网页版面的轮廓和栏目的位置关系。

!　友情提示

　　页面布局时，要注意在块与块之间多留空白，不要让用户感到"挤"或"塞"。

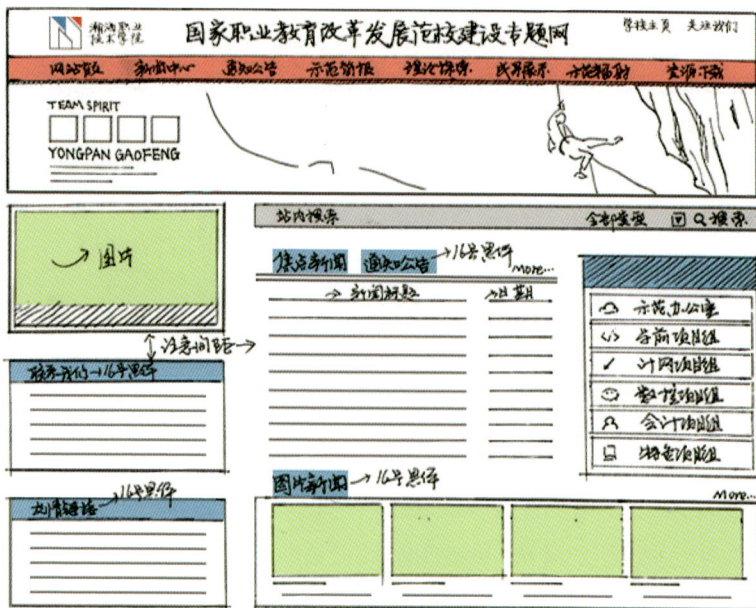

图10-1 示范专题网设计草图

二、Logo

示范专题网在解读原标志的基础上重新设计了新标志，如图10-2所示。新标志采用图形化设计，形象来源于"瀚海"一词的拼音首字母"H"的变形，将其处理成了大小不同的船帆形象，象征学校"创新职教，敢为人先"的拼搏精神，也象征着"瀚海职业技术学院"这艘航船载着莘莘学子遨游知识的海洋，最终到达成功的彼岸。

图10-2 示范专题网标志

整个Logo栏中最重要的内容是Logo本身，重新设计的示范专题网Logo外形为正方形，最终按网页标志常用尺寸中的60px×60px设定大小；本网站并不是学校主页，学校名称在示范专题网中不是重要信息，所以学校名称可以适当缩小；"国家职业教育改革发展示范建设专题网"是表明网站主题的重要信息，所以采用无衬线字体，大字号来加强；客户要求网站要有门户网站的链接，为了不影响网站的主体效果，该内容不应该过于明显，所以对其进行了弱化处理，设计效果如图10-3所示。

图10-3 Logo栏设计

从效果上看Logo栏并没有过多的内容，简洁明了、主题明确。主题文字颜色采用Logo中的蓝色与红色，这两种颜色也体现了整个网站主要的色彩搭配关系。

三、导航

网页设计时，不可能把所有的建设内容都纳入首页的模块或栏目中，部分内容可以通过导航链接到其他页面展示。

示范专题网采用横向导航，为配合整体风格，采用简洁化设计，为了让导航更易于发现，其色彩采用了比主色调蓝色明度更低的颜色，如图10-4所示。

图10-4　导航设计

四、Banner

形象展示类Banner与产品营销类Banner的一个重要区别在于，前者往往并不需要链接到下一级网页进行详细的说明和宣传，更多的时候只是页面效果的需要，可以说是此类网站的"面子工程"。Banner内容要注意更新，设计得再好的Banner长期反复出现也会让人不舒服。

学校网站一般使用形象展示类Banner，用于展示与学校相关的各种信息，也可以另行设计主题性Banner。图10-5是为示范专题网设计的主题性Banner，表现全校师生不畏艰难、再上台阶的决心和愿望。

图10-5　Banner设计

1. 内容

内容区域是整个页面设计的主体和重点，各个栏目呈现的方式、大小、位置等都会在这个区域体现。示范专题网由于栏目众多、内容复杂，要在设计上把握整体效果，必须综合考虑以下因素，让页面协调统一。

（1）合理布局

各个栏目位置合适、大小得当，不同栏目的内容和重要性是不同的，所以在设计中要考虑它们的特点，突出重点，如把"重要图片新闻栏"和"新闻列表栏"放在页面最显著的位置。

（2）适当间隔

适当加强不同栏目之间的间距，多留出间隙让栏目更清晰，让页面更清爽。在具体的设计中，各个栏目之间都设置了30px的间隔。

（3）统一风格

统一风格是本部分设计的重点，一般是将具有相同属性的内容用同种表现手法呈现，比如统一字体、字号、色彩、背景、边框、样式等。文字进行了统一规划，栏目标题使用16px黑体，小标题使用14px黑体，正文使用12px宋体；色彩沿用蓝色为主、红色为辅的色彩搭配；几乎各个栏目都做了边框处理，并对边框进行了弱化，避免喧宾夺主。

（4）视觉平衡

在视觉关注度上图片强于色块，色块强于文字，设计中要调整页面的平衡。通过左上和右下分散布局图片，让画面更加平衡。

（5）注意对齐

对齐是很多设计者不太注重的事情，对齐能减少不同内容高低错落产生的杂乱的视觉延长线，让内容复杂的页面更加井然有序。设计中各项内容尽量做到对齐处理，如段落文字左对齐，单行文字居中对齐等。

图10-6所示的内容区域设计，布局合理，内容清晰，满足了建设规划书中的设计要求。

图10-6　内容区设计

2. 版尾

版尾内容不需要过多说明，将真实信息罗列出来即可，版权信息的格式也有多种变化，设计时可以灵活处理，示范专题网设计效果如图10-7所示。

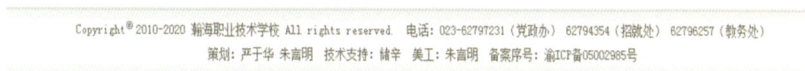

图10-7　版尾设计

将以上设计内容组合起来，就完成了示范专题网首页效果图的设计，如图10-8所示。

图10-8　网站首页效果图

练一练

①根据网站建设规划书总体要求，制定一个简单的网站设计规划。

②分析整理各项信息，按照设计规划内容完成网站草图设计。

③根据草图设计思路，完成网站首页设计。

学习评价

学习要点	我的评分	小组评分	教师评分
根据规划书确立网站风格（20分）			
设计制作网站Logo（30分）			
完成网页Banner设计（30分）			
制订合理的网站结构图（20分）			
总　分			

学习任务十一
网站二级页设计

[学习目标] ①能根据首页规划二级页内容；
②能绘制二级页草图；
③能根据首页设计文字二级页面；
④能根据首页设计图片二级页面。

[学习重点] ①规划二级页内容；
②设计文字二级页面。

[学习课时] 6课时。

　　网站首页通常为网站结构中的第一级，与其有从属关系的页面则为网站结构中的第二级，一般称其为二级页。二级页往往为首页栏目的展开，通常以文字、图片、表格等形式呈现该栏目的目录列表。首页设计已体现了网站的总体设计规划，二级页在遵循首页设计规划的同时，为了满足功能的需要，布局方式会作出相应的调整。

　　根据建设内容和规划，瀚海职业技术学院示范专题网会有多个二级页面，我们选择代表性较强的"新闻中心"和"图片新闻"栏目，分别说明文字二级页和图片二级页的设计。

一、文字二级页设计

　　"新闻中心"栏目主要用于发布项目建设动态，因为所有新闻都包含标题和正文，所以提取每条新闻的标题，以文字列表的形式，作为该二级页的关键内容。

　　从二级页开始，应考虑指示访问者当前位置和回到其他页面的"面包屑导航"。面包屑导航在视觉效果上不宜过于明显，颜色做弱化处理，如图11-1所示。

| 网站首页 | 新闻中心 | 通知公告 | 示范简报 | 政策文件 | 理论探索 | 成果展示 | 示范辐射 | 在线视频 | 资源下载 |

您的位置：网站首页 ＞ 新闻中心 ＞ 示范办公室　　**面包屑导航**

图11-1　面包屑导航

　　"新闻中心页"左侧为"机构列表"，单击后显示对应机构发布的新闻。中间为"新闻核心区"，包括标题和发布时间，新闻按发布时间倒序排列；标题作为新闻中心最重要的内容，加大了行距设置，以便引导访问；单页固定新闻数量以限制页面高度；未显示新闻通过"分页按钮"查阅，如图11-2所示。

图11-2　机构列表与新闻核心区

如果页面中只有上述内容，那么960px的宽度还剩下较大空间，整个页面以文字内容为主，画面单调平淡，所以增加其他内容以平衡页面视觉效果。页面中设计了如图11-3和图11-4所示的"新闻头条"和"图片新闻"两个栏目以纵向方式进行排版，满足了视觉与功能的需求。

图11-3　新闻头条栏目

图11-4　图片新闻栏目

将以上设计内容组合起来，就完成了"新闻中心页"效果图设计，如图11-5所示。

图11-5　新闻中心页效果图

二、图片二级页设计

"图片新闻"栏目主要以"图片集"的方式展示学校示范建设期间的图片信息，每组图片都包含标题、缩略图和原图，提取每组图片的标题和缩略图，以缩略图列表的形式，作为该二级页面的关键内容。

"图片新闻页"左上方为"重要图片新闻"栏目，为了增加视觉效果，缩略图采用宽屏图片进行展示，标题和导读的作用不只是显示该组图片新闻相关信息，有时更是为了丰富排版变化以增强美感，如图11-6所示。

图11-6 重要图片新闻栏目

页面下方为各机构发布图片新闻的"缩略图列表"，每个页面固定缩略图数量以限制页面高度，未显示内容通过"分页按钮"查阅，如图11-7所示。

图11-7 机构列表与缩略图列表

在页面余下的空间中，设计了如图11-8和图11-9所示的"精彩视界"和"图片新闻排行"两个栏目以纵向方式排版，起到了平衡页面效果的作用。

图11-8 精彩视界栏目

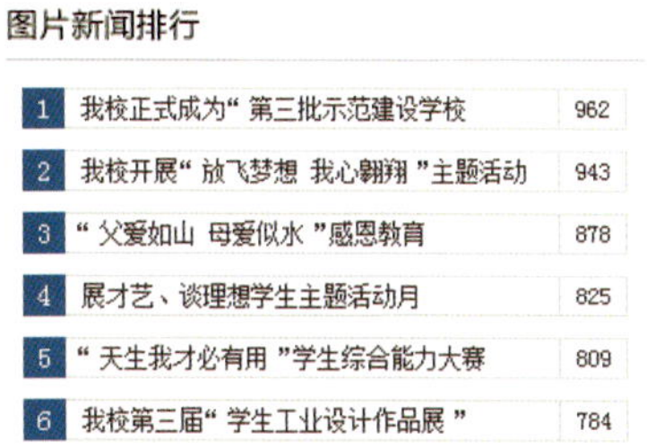

图11-9 图片新闻排行栏目

将以上设计内容组合起来，就完成了"图片新闻页"效果图设计，如图11-10所示。

图11-10 图片新闻页效果图

友情提示

图片是网页中视觉关注度最高的元素，在图片页面的设计中，要注意图片面积感的主次之分，小图如果过于集中，也会在视觉效果上超过大图而影响大图的主体效果。

练一练

①在网站首页设计的基础上，选择一个栏目绘制二级页草图。

②根据草图设计思路，完成二级页设计。

学习评价

学习要点	我的评分	小组评分	教师评分
根据首页规划二级页内容（20分）			
绘制二级页草图（30分）			
完成二级页面设计（50分）			
总　分			

学习任务十二
网站三级页设计

[学习目标] ①能规划三级页内容；
②能绘制三级页草图；
③能设计文字三级页面；
④能设计图片三级页面。

[学习重点] ①规划三级页内容；
②设计文字三级页面。

[学习课时] 6课时。

与网站二级页有从属关系的页面为网站结构中的第三级，一般称为三级页。三级页往往为二级页列表链接的具体内容，通常为最终的阅读或展示页面，同样遵循首页的设计规划，为了满足功能的需要，布局方式也会作出相应的调整。

本任务在"新闻中心"文字二级页和"图片新闻"图片二级页的基础上，完成示范专题网文字三级页和图片三级页的设计。

一、文字三级页设计

"新闻中心"中的新闻标题链接到三级页的"新闻阅读页"，其页面设计主要是实现规划书中对文字内容的设计规划。

新闻阅读区的设计元素主要是文字，对一级标题、二级标题、发布信息和正文要分别设置其文字属性，以分清主次和引导阅读。一级标题用18px黑体，二级标题用14px宋体，正文用12px宋体，颜色都为深灰色；发布信息用12px宋体，颜色进行弱化处理使用浅灰色。各组成部分之间加大行距、适当间隔，让页面更加清爽，如图12-1所示。

为满足网站建设规划中与评论相关的要求，"我要评论"栏目在设计上应当简单明了、便于使用。评论的具体内容要求在新页面显示，本栏目中设计一个打开新页面的链接即可，如图12-2所示。

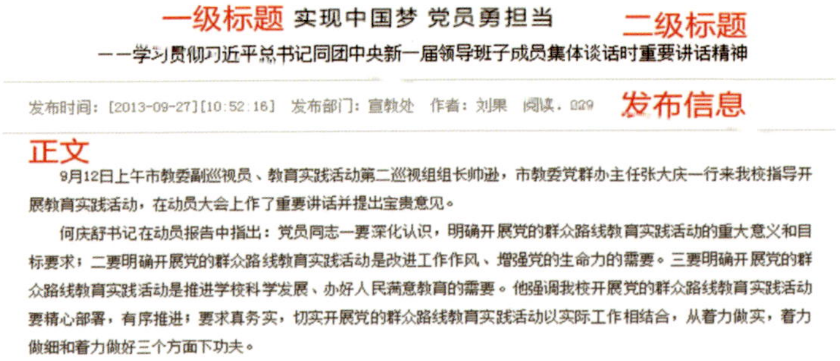

图12-1　新闻阅读区

图12-2　评论栏目

　　为了保持页面平衡, 同样在新闻阅读区域右侧设计了"新闻头条"和"图片新闻"栏目, 将以上设计内容组合起来, 就完成了"新闻阅读页"效果图设计, 如图12-3所示。

图12-3　新闻阅读页效果图

二、图片三级页设计

"图片新闻页"中的图片链接到的三级页为"图片浏览页",主要用于浏览"图片集"和展示相关信息,由于示范专题网的特殊性,为便于描述图片的相关信息,可以考虑按照如图12-4所示的结构图设计。

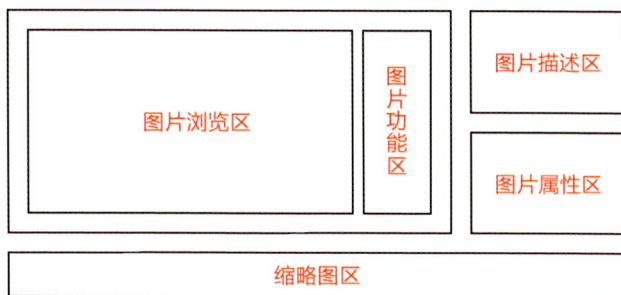

图12-4　图片浏览页结构图

"图片浏览页"在设计时要考虑浏览过程的易用性,由于显示器垂直方向高度有限,为避免频繁滚动鼠标,尽量使浏览器的显示区能完整显示"图片浏览区"和"缩略图区",如果做不到二者兼顾,至少要完整显示"图片浏览区"。

为方便图片前后切换,"图片浏览区"应设计左、右方向按钮,在视觉效果上可以弱化或隐藏处理;用数字标明当前图片的序号及该组图片的数量,置于"图片功能区"上方,当前图序用红色标注;"图片功能区"下方摆放与本图相关的功能按钮,由于使用频率不高,也考虑弱化处理,如图12-5所示。

图12-5　图片浏览区

"缩略图区"使用特定标志表明当前浏览图片,为便于快速浏览整个图片集内容,还应设计方向按钮,放在缩略图两侧,如图12-6所示。

图12-6　缩略图区

"图片描述区"和"图片属性区"除了传达图片信息,也能让版面设计更加合理。图片标题和正文应设置不同的文字属性,在图片描述区单独呈现,如图12-7所示。图片属性区内容在设计上强调图片的不同属性,考虑以单行形式呈现,如图12-8所示。

将以上设计内容组合起来,就完成了"图片浏览页"效果图设计,如图12-9所示。

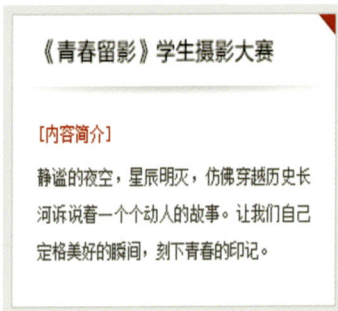

图12-7 图片描述区

图12-8 图片属性栏目

图12-9 图片浏览页效果图

知识链接

　　网页效果图设计完成后,接下来就是要对效果图进行"切片",最终生成网页制作所需要的图片。使用Photoshop中的"切片"工具能完成切片处理,切片文件一般存储为jpg或gif格式。

1. 切片的作用

①将大图分割成多张小图,有利于在浏览器中提高加载速度。

②难以用代码实现的特定网页设计效果,需要用图片呈现。

③效果图中需要原样使用的图片,如Logo、字体设计等。

2. 切片的原则

（1）合理性

不是所有网页效果图的内容都要生成切片,能用代码实现的设计效果尽量不采用切片,如效果图中的文字、边框、阴影、单色背景等。

（2）简洁性

即使必须切片,也要考虑切片的简洁性。如有规律的复杂渐变色、特殊装饰元素等,只需切出有代表性的一小片,用代码完成平铺即可。

练一练

①在网站二级页设计的基础上，绘制对应的三级页草图。

②根据草图设计思路，完成三级页设计。

③选择一张网页效果图，根据需要进行切片并生成切片文件。

学习评价

学习要点	我的评分	小组评分	教师评分
规划三级页内容（20分）			
绘制三级页草图（30分）			
完成三级页面设计（50分）			
总　分			

参考文献

[1] 丁海祥.计算机平面设计实训[M].北京：高等教育出版社，2005.

[2] 韩国I.R.I色彩研究所.色彩设计师配色图典[M].李红姬，译.北京：人民邮电出版社，2005.

[3] 杨选辉.网页设计与制作教程[M].北京：清华大学出版社，2009.

[4] 卡尔巴赫（Kalbach, J.）.Web导航设计[M].李曦琳，译.北京：电子工业出版社，2009.

[5] 旭日东升.网页设计与配色经典案例解析[M].北京：电子工业出版社，2009.

[6] 智丰工作室，邓文达，龚勇.美工神话网页设计与美化[M].北京：人民邮电出版社，2010.

[7] 李晓斌.网页视觉风格与经典范例[M].北京：电子工业出版社，2012.

[8] 郑耀涛.网页美工实例教程[M].北京：高等教育出版社，2013.

[9] Smashing Magazine.众妙之门——网页设计专业之道[M].赵俊婷，译.北京：人民邮电出版社，2013.

[10] 晋小彦.形式感——网页视觉设计创意拓展与快速表现[M].北京：清华大学出版社，2014.

[11] 王晖.网页设计那些事儿[M].北京：人民邮电出版社，2015.

[12] 李蓟宁.网页设计[M].北京：中国轻工业出版社，2014.